JN059923

まえがき

　科目「電子技術」は，半導体と電子回路，通信システム，画像通信，音響機器，電子計測などの基礎的基本的内容を取り扱っている科目です。このように広い範囲の知識・技術を身につけるには，それに適した学習が必要です。

　本書は，教科書「電子技術」(実教出版：工業744)に準拠した演習ノートです。生徒のみなさんが教科書で学んだ内容について，それらの基礎的基本的な知識と技術を将来活用できるようにするためには，数多くの類題を解くことです。繰り返し問題を解くといった過程で理解が深まり，学習した内容がしっかり定着します。その学習を手助けするという意味でこの「演習ノート」は編修されています。

　本書を編修するにあたって，次の点に配慮しました。

1　教科書(実教出版)の構成にならって作成しました。

2　基本的な内容を中心に問題を作成しました。解答がむずかしい場合には，教科書を復習すれば，解くことができるよう配慮しました。

3　側注には問題に関するヒントや関連事項を記述しました。問題によっては，それを参考にして解答できるようにしました。

4　解答編を用意しましたので，自学自習するみなさんは，これを参考にし，一つ一つ確認しつつ前に進んでください。

　以上ですが，この演習ノートが生徒のみなさんの実力養成のお役に立てばと願っております。

■ 目　次　■

第1章　半導体素子

1　原子と電子 （教科書 p. 8〜9）

1　次の文章は，原子の構造について述べたものである。下の語群から適切な用語または数値を選び，文中の（　　）の中に記入せよ。

すべての物質は原子からなりたっており，原子は（^{1}　　　）とその外側にある（^{2}　　　）からできている。

電子1個は約（^{3}　　　）C の負の電気量をもち，原子核は電子全体と等量の（^{4}　　　）の電気量をもつ。通常の原子は電気的には（^{5}　　　）の状態になっている。

↪ 電子のもつ電気量の覚え方
いろはに　といく
↓↓↓↓　↓↓↓
1.602×10^{-19}
「電子技術」の基礎つまり，いろは，という意味である。

```
── 語群 ──
中性　　陽性　　電子　　自由電子　　原子核　　正
負　　　3×10$^8$　　1.6×10$^{-19}$
```

2　次の文章は，シリコン結晶について述べたものである。下の語群から適切な用語を選び，文中の（　　）の中に記入せよ。

原子の最も外側の軌道にある電子を（^{1}　　　）という。この電子は，外部からのエネルギーによって原子核との結びつきから離れることができる。この離れた電子を（^{2}　　　）という。

シリコン単結晶は，隣り合う4個の原子が（^{1}　　　）を1個ずつ出し合って，たがいに2個ずつ共有した構造になっている。このような結合を（^{3}　　　）という。

シリコンの結晶中で（^{1}　　　）が（^{2}　　　）になったあとに，電子の不足した部分ができる。これを（^{4}　　　）という。自由電子は（^{5}　　　）の電荷を，（^{4}　　　）は（^{6}　　　）の電荷を運ぶ。

↪ 自由電子と正孔は，電荷を運ぶので，両者をキャリヤとよぶ。

```
── 語群 ──
正　　　負　　　価電子　　正孔　　　負孔　　　自由電子
共有結合　　電荷　　金属　　エネルギー
```

2　半導体　(教科書 p. 10〜11)

1　次の文章は，半導体の抵抗率と種類および真性半導体について述べたものである。下の語群から適切な用語または数値を選び，文中の（　　）の中に記入せよ。

(1)　半導体の抵抗率は，(^{1}　　　　　　)と絶縁体の抵抗率の中間である。

↻　銅，銀，ニッケルなどのことである。

(2)　電子回路素子としてよく使われる半導体の種類としてシリコンと(^{2}　　　　　　)がある。

(3)　金属の抵抗率は，温度が上昇すると(^{3}　　　)する。また，半導体の抵抗率は，温度が上昇すると(^{4}　　　)する。

(4)　シリコンなどの半導体物質を高い純度に精製した半導体を(^{5}　　　　　)という。この高い純度は，トウェルブナインといわれ，数値で表すと(^{6}　　　　　　)％である。

↻　数値を記入する。何がトウェルブなのかを考え，％表示であることに気をつけること。

```
──── 語群 ────
導体    ゲルマニウム    シリコン    亜鉛    増加
減少    真性半導体    不純物半導体    炭素
99.999 999 999 999    99.999 999 999 9
```

2　次の文章は，不純物半導体について述べたものである。下の語群から適切な用語を選び，文中の（　　）の中に記入せよ。

　　不純物半導体は，たとえばシリコンの真性半導体の結晶中に，(^{1}　　　)や(^{2}　　　)を混入した半導体である。シリコンの価電子は4個であるが，(^{1}　　　)の価電子は5個である。また，(^{2}　　　)の価電子は3個である。

↻　元素記号を入れる。

　　キャリヤには，(^{3}　　　)キャリヤと(^{4}　　　)キャリヤがあり，数の多い(^{3}　　　)キャリヤが電子である半導体を(^{5}　　　)半導体という。また，(^{3}　　　)キャリヤが正孔である半導体を(^{6}　　　)半導体という。

　　シリコンに混入する価電子が5個の不純物を(^{7}　　　　)といい，価電子が3個の不純物を(^{8}　　　　)という。

↻　ドナー（donor）は与える，アクセプタ（acceptor）は受け取るという意味。何を与えるのか，何を受け取るのかを考える。

```
──── 語群 ────
Cu    As    B    C    少数    多数    無数
t形    n形    p形    アクセプタ    ドナー    コレクタ
```

3　ダイオード （教科書 p. 12〜16）

1　次の文章は，ダイオードについて述べたものである。文中の
（　　　）の中に適切な用語を記入せよ。

　　ダイオードは，電流を（¹　　　　）にだけ流す素子である。たとえ
ば，シリコン結晶の中に p 形部分と n 形部分をつくり，n 形と p
形の接した状態としたとき，これを（²　　　　）接合という。この
（²　　　　）接合によるダイオードを（³　　　　）ダイオードという。

　　ダイオードの構造で，p 形半導体側の端子を（⁴　　　　），n 形半
導体側の端子を（⁵　　　　）という。

2　ダイオードの図記号を描き，アノ
ード側に A を，カソード側に K を
（　　　）内に記入せよ。

ダイオードの図記号

（　　）　　　　（　　）

🔙 アノードは陽極，カソード
は陰極ともいう。

3　次の文章は，ダイオードの働きについて述べたものである。下の
語群から適切な用語を選び，文中の（　　　）の中に記入せよ。

　　pn 接合の接合面付近では，結晶中で拡散した電子と正孔が結合
して，キャリヤのない層が生じる。このような層を（¹　　　　）とい
う。pn 接合の p 形部分に正の電圧を加え，n 形部分に負の電圧を
加えると電流が流れる。この場合の電圧を（²　　　　）といい，電流
を（³　　　　）という。また，p 形部分に負の電圧を加え，n 形部分
に正の電圧を加えると電流はほとんど流れない。この場合の電圧を
（⁴　　　　）といい，電流を（⁵　　　　）という。

🔙 順方向電圧，順方向電流と
もいう。

　　ダイオードは，交流を直流に変える働きがある。このような回路
を（⁶　　　　）という。

🔙 逆方向電圧，逆方向電流と
もいう。

　　ダイオードに逆電圧を加えるとほとんど逆電流は流れないが，電
圧を増加していくとある値を超えたとき急激に電流が流れるように
なる。この現象を（⁷　　　　）現象という。

語群

　空白層　　空乏層　　逆電圧　　順電圧　　逆電流

　順電流　　降伏　　発振回路　　整流回路　　増幅回路

　減衰回路

4　次の文章は，ダイオードの特性について述べたものである。下の語群から適切な用語を選び，文中の（　　）の中に記入せよ。

　　ダイオードに流してよい(^{1}　　　）や，両端に加えてよい（^{2}　　　）には，ダイオードの種類によって上限が決められている。この上限を（^{3}　　　）といい，（^{3}　　　）を超えないように使用しなければならない。

> **── 語群 ──**
>
> 電源　　電圧　　電力　　電流　　温度　　最大定格
> 電気的特性

5　次の文章は，定電圧ダイオードや可変容量ダイオードなどのダイオードについて述べたものである。下の語群から適切な用語または式を選び，文中の（　　）の中に記入せよ。

(1)　ダイオードに加える逆電圧を増やしていくと（^{1}　　　）が起きる。この場合，電圧・電流特性はほとんど電流軸に平行である。このような状態では，ダイオードに流れる電流が変化しても，電圧は一定に保たれる。この性質を利用して，電流が変化しても一定電圧が得られるようにつくられたダイオードを（^{2}　　　）ダイオードまたは（^{3}　　　）ダイオードという。

⏺ 直流電源の基準電圧回路などに使われる。

(2)　空乏層の静電容量が逆電圧の大きさによって変化する性質を利用したダイオードを（^{4}　　　）ダイオード，または（^{5}　　　）ダイオードという。

(3)　空乏層の幅を d [m]，接合面の面積を A [m^2]，誘電率を ε とすると，空乏層の静電容量 C は，（^{6}　　　）で表される。

⏺ 通信機器の同調回路などに使われる。

> **── 語群 ──**
>
> 降圧現象　　降伏現象　　可変容量　　定電圧　　バラクタ
> ツェナー　　$C = \dfrac{\varepsilon d}{A}$　　$C = \dfrac{\varepsilon A}{d}$

4　トランジスタ （教科書 p. 17〜21）

1　次の文章は，トランジスタの種類をキャリヤの数で分類したとき
の記述である。文中の（　）の中に適切な用語を記入せよ。

　　トランジスタには，電子と正孔の二つのキャリヤで動作する
(^{1}　　　　　　　）トランジスタと，電子だけあるいは正孔だけとい
うように，一つのキャリヤで動作する（^{2}　　　　　）トランジス
タがある。

↩ bi（バイ）は2を意味し，
uni（ユニ）は1を意味する。

2　npn 形トランジスタと pnp 形
トランジスタの図記号を描き，
ベース・コレクタ・エミッタの
記号として，B・C・E を図記
号の中に記入せよ。

npn 形 トランジスタ	pnp 形 トランジスタ

3　エミッタ電流 I_E，コレクタ電流 I_C，ベース電流 I_B の間には，
どのような関係があるか。次の式の（　）の中に適切な量記号を記
入せよ。

$$(^1　　　　) = I_B + (^2　　　　)$$

↩ コレクタは集めるものとい
う意味。エミッタは放射する
ものという意味である。

4　トランジスタのベース電流が 0.1 mA のとき，コレクタ電流が
12 mA であった。直流電流増幅率 h_{FE} を求めよ。

5　次の文章は，トランジスタのスイッチング作用について述べたも
のである。文中の（　）の中に適切な用語を記入せよ。

　　トランジスタは，ベース電流が流れないときは，コレクタ電流も
流れない。このようにコレクタ電流が流れない状態を（^{1}　　　）状
態という。また，ベース電流を流すと，コレクタ電流が流れる。こ
の状態を（^{2}　　　）状態という。

　　このようにトランジスタには（^{3}　　　　　　　）作用という機能
がある。

↩ ＿／＿のような有接点ス
イッチに対し，トランジスタ
は無接点スイッチである。

5　電界効果トランジスタ(FET)　(教科書 p. 22〜26)

1　次の文章は，電界効果トランジスタの種類について述べたものである。文中の(　)の中に適切な用語を記入せよ。

電界効果トランジスタは，FET ともよばれ(^{1}　　　　)制御の半導体素子として電子機器に広く利用されている。

電界効果トランジスタは，接合形 FET と(^{2}　　　　) FET に分けられる。FET は(^{3}　　　)，(^{4}　　　)，(^{5}　　　)とよばれる3種類の電極がある。

↪ FET はユニポーラトランジスタで，電圧制御素子である。npn 形・pnp 形のバイポーラトランジスタは電流制御素子である。

2　接合形 FET の図記号をnチャネルとpチャネルについて描き，また，3端子に電極名を記入せよ。

接合形 FET	
(nチャネル)	(pチャネル)

3　MOS FET にはデプレション形とエンハンスメント形があり，それぞれの形にnチャネルとpチャネルがある。次にそれぞれの図記号を描き，ゲート・ドレーン・ソースの記号G・D・Sの電極名を記入せよ。

↪ デプレションには減少という意味がある。ゲート電圧を大きくするとドレーン電流が減少する。

↪ エンハンスメントには増加という意味がある。ゲート電圧を大きくするとドレーン電流が増加する。

デプレション形		エンハンスメント形	
nチャネル	pチャネル	nチャネル	pチャネル

4　次の文中の(　)の中に適切な用語を記入せよ。

MOS FET の M は(^{1}　　　)，O は(^{2}　　　)，S は(^{3}　　　)を表し，トランジスタの構造からつけられた名称である。

↪ MOS は metal-oxide-semiconductor で，metal は金属，oxide は酸化物の意。

5 次の文章は，nチャネルMOS FETの動作について述べたものである。下の語群から適切な用語を選び，文中の（　）の中に記入せよ。ただし，同じ用語を重複して選んでもよい。

(1) 図1に示したデプレション形MOS FETに，電源電圧V_{DS}だけを加えた場合，p形半導体に(^{1}　　　)がキャリヤとなる領域(^{2}　　　)があらかじめ形成されているため，ゲート電圧V_{GS}を加えなくてもドレーン電流I_Dが流れる。

また，図2に示すように，ゲート電圧V_{GS}に負電圧を加えると，ゲート直下の(^{2}　　　)がくずれ，ドレーン電流I_Dが(^{3}　　　　　)。

(2) 図3に示したエンハンスメント形MOS FETに，電源電圧V_{DS}だけを加えた場合，p形半導体に(^{4}　　　)がキャリヤとなる領域(^{5}　　　)が形成されないため，ドレーン電流I_Dが流れにくい。

また，図4に示すように，電源電圧V_{DS}とゲート電圧V_{GS}に正電圧を加えると，ゲート直下のp形半導体に電子が集まり，(^{5}　　　)が形成され，ドレーン電流I_Dが流れる。

(3) デプレション形MOS FETは，V_{GS}が(^{6}　　　)の領域で，エンハンスメント形MOS FETは，V_{GS}が(^{7}　　　)の領域で，I_Dを制御することができる。

語群

電子　　正孔　　正　　負　　正と負
pチャネル　　nチャネル
流れやすくなる　　流れにくくなる

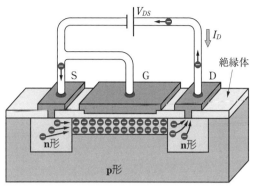

図1

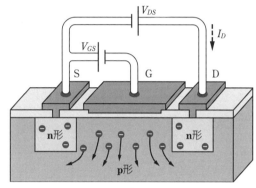

図2

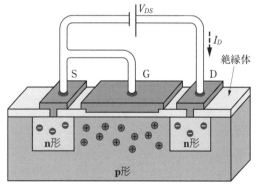

図3

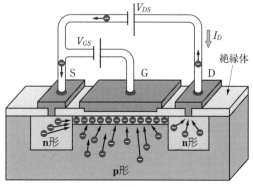

図4

6　集積回路（IC）　(教科書 p. 27〜29)

1　次の文章は，ICの特徴について述べたものである。下の語群から適切な用語を選び，文中の（　　）の中に記入せよ。

　　ICを用いると，機器の小形化，(^{1}　　　）ができる。また，消費電力が(^{2}　　　），(^{3}　　　）が少なくてすむなどの特徴がある。ICの種類は素子数，(^{4}　　　），(^{5}　　　）などによって分類することができる。

```
─── 語群 ───
外形　　小さく　　大きく　　軽量化　　構造　　部品点数
```

2　次の文章は，ICの構造と外形および機能による分類について述べたものである。下の語群から適切な用語を選び，文中の（　　）の中に記入せよ。

(1)　ICはその構造によって，高速ディジタル回路や低雑音プリアンプなどに使われる(^{1}　　　）IC，電卓など消費電力の少ないディジタル回路に使われる(^{2}　　　）ICに分類される。

(2)　ICにはいろいろな外形があり，同じ回路を内蔵したICでもいくつかの異なる外形が用意されていることがある。片側から垂直に端子が出ている(^{3}　　　），両側から端子が出ている（^{4}　　　），その端子間隔を半分にした(^{5}　　　），さらに，4辺から端子が出ている(^{6}　　　）がある。

(3)　(^{7}　　　）ICは，0と1に対応させた信号で入出力が行われ，論理回路や記憶回路などに使われ，その代表的なものに（^{8}　　　）などがある。また，(^{9}　　　）ICは，(^{10}　　　）や（^{11}　　　）のような信号を入出力するICで，(^{12}　　　）や3端子レギュレータなどに使われている。このほかに，A-D変換機，D-A変換機などのように(^{7}　　　）と(^{9}　　　）の機能をあわせもつICもある。

```
─── 語群 ───
SIP　SOP　DIP　SSOP　MOS　QFP　LSI
CPU　アナログ　ディジタル　バイポーラ
ハイブリッド　電圧　電流　トランジスタ
ダイオード　オペアンプ
```

7　発光素子と受光素子 （教科書 p. 30〜32）

1　次の文章は，発光素子と受光素子について述べたものである。下の語群から適切な用語を選び，文中の（　）の中に記入せよ。ただし，同じ用語を重複して選んでもよい。

(1)　発光ダイオードは(^{1}　　　　)ともいい，この素子は低電圧，低電流で動作し，表示ランプのほかに光通信の(^{2}　　　　)として使われる。　　　　　　　　　　　　　　　　　　🅖 light emitting diode

(2)　レーザダイオードは(^{3}　　　　)ともいい，単一の波長と位相をもったレーザ光を放射する素子で，レーザポインタやバーコードリーダの読み取り，レーザ測距装置，光メディアの読み取りや(^{4}　　　　)などに用いられる。

(3)　アバランシェフォトダイオードは(^{5}　　　　)ともいい，光センサに使われたり，光通信の(^{6}　　　　)として用いられる。　　　🅖 avalanche photodiode

(4)　フォトトランジスタは，光を吸収して発生する電流によって動作する(^{7}　　　　)で，光センサや制御装置などに用いられる。

(5)　発光素子と受光素子を向かい合わせて一つにまとめた素子を(^{8}　　　　)という。(^{8}　　　　)は，入出力の回路を電気的に絶縁した状態で信号を伝達できるので，電気的な(^{9}　　　　)を除去する目的として，制御装置などに用いられる。

(6)　光を用いて物体の検出などをする素子を(^{10}　　　　)という。(^{10}　　　　)は，紙やカード，硬貨の通過の検出などに用いられる。

語群

APD　　LED　　受光素子　　発光素子　　フォトカプラ

ノイズ　　信号　　フォトインタラプタ　　CD　　LD

読み取り　　書き込み

章　末　問　題　1

1　次の文章は，ダイオードおよびトランジスタについて述べたものである。下の語群から適切な用語または数値を選び，文中の（　　）の中に記入せよ。

(1)　半導体結晶の中に n 形領域と p 形領域を接した状態にしてつくったダイオードを(1　　　　)ダイオードという。

(2)　pn 接合の空乏層は，p 形部分に正の電圧，n 形部分に負の電圧を加えると，シリコン半導体の場合，約(2　　　　)V で空乏層は消滅する。

(3)　トランジスタを二つに大別すると，(3　　　　)ポーラトランジスタと(4　　　　)ポーラトランジスタがある。
　　　FET は(4　　　　)ポーラトランジスタである。

(4)　トランジスタにはスイッチング作用がある。コレクタ電流が流れている状態を(5　　　　)状態，流れていない状態を(6　　　　)状態という。

```
── 語群 ──────────────────────
シリコン　　pn 接合　　0.2　　0.6　　1.6　　ユニ
バイ　　トリ　　OK　　オフ　　オン　　OUT
──────────────────────────
```

2　次の文章は，n 形半導体および p 形半導体について述べたものである。下の語群から適切な用語を選び，文中の（　　）の中に記入せよ。

(1)　n 形半導体の多数キャリヤは(1　　　　)であり，少数キャリヤは(2　　　　)である。この半導体に混入する価電子が 5 個の原子を(3　　　　)という。

> ⊕ キャリヤとは電荷を運ぶ役目をする。

(2)　p 形半導体の正孔は(4　　　　)キャリヤであり，わずかに存在する電子は(5　　　　)キャリヤである。この半導体に混入する価電子が 3 個の原子を(6　　　　)という。

```
── 語群 ──────────────────────
多数　　少数　　電子　　電荷　　正孔　　アクセプタ
ドナー　　電子殻　　原子核　　シリコン
──────────────────────────
```

3 次のダイオードとトランジスタおよび MOS FET の図記号において，（　　）の中に電極名を記号で記入し，トランジスタの種類を記入せよ。

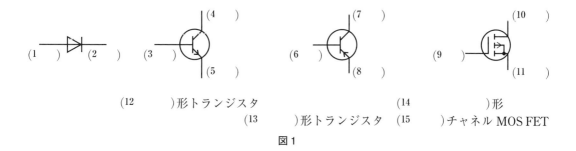

(1　　) ▷|　(2　　)　(3　　)

(4　　)

(5　　)

(7　　)

(6　　)

(8　　)

(10　　)

(9　　)

(11　　)

(12　　) 形トランジスタ

(13　　) 形トランジスタ

(14　　)) 形
(15　　)) チャネル MOS FET

図1

4 ベース電流を 0.4 mA 流したところ，コレクタ電流が 60 mA 流れた。このトランジスタの直流電流増幅率 h_{FE} を求めよ。

$h_{FE}=$

5 次に示す A 群は，半導体素子名であり， B 群はその働きについて記述したものである。A 群の①〜⑥と関係ある記述を B 群の@〜fの中から選び線で結べ。

A 群

① 定電圧ダイオード ・

② 可変容量ダイオード ・

③ 発光ダイオード ・

④ フォトカプラ ・

⑤ フォトトランジスタ ・

⑥ サイリスタ ・

B 群

・@空乏層の静電容量が，逆電圧によって変化する性質を利用した素子。

・b光を電気信号に変える素子。

・cLED などの発光素子とフォトトランジスタなどの受光素子を向かい合わせた素子。

・d電気信号を光に変える素子。

・e逆電圧を加えて所定の定電圧を得るようにつくられた素子。

・fゲートに制御電圧を加えると，アノード・カソード間がターンオンする素子。

● フォトとは，英語の「photo」すなわち「光」のことである。

第2章　アナログ回路

1　増幅回路の基礎 （教科書 p. 36〜49）

1　次の文章は，増幅回路について述べたものである。下の語群から適切な用語または数値を選び，文中の（　）の中に記入せよ。

(1)　小さな入力信号を大きな出力信号に変換することを（1　　　　　）といい，変換する回路を（2　　　　　）という。

(2)　出力信号によって，スピーカから音を出すことができるが，スピーカなどのように電力を消費する装置を（3　　　　　）という。

(3)　低周波増幅回路で音声信号を増幅することができるが，この場合，低周波とは（4　　　　　　　）の範囲の周波数をいう。

$\bigodot$　増幅器をアンプというが，これは amplifier を略した言い方である。

$\bigodot$　人間の耳に聞こえる可聴周波数の範囲。

```
── 語群 ──
増加　　減衰　　増幅　　増大　　変換回路　　増幅回路
負荷　　電源　　2 Hz〜2 kHz　　20 Hz〜20 kHz
30 kHz 以上
```

2　図1に示した回路について，次の各問いに答えよ。

(1)　この回路の名称は（1　　　　　　）回路である。

(2)　R_B に流れる I_B の名称は（2　　　　　　）である。

(3)　コンデンサ C_1，C_2 の名称は（3　　　　　　）である。

(4)　抵抗 R_C の名称は（4　　　　　　）である。

(5)　$V_{CC} = 9$ V，$I_B = 20\ \mu$A のとき，抵抗 R_B の値は（5　　　　　）$k\Omega$ である。

$\bigodot$　I_B を流す回路に着目する。

$\bigodot$　$V_{BE} \fallingdotseq 0.6$ V 程度で V_{CC} に比べて小さいので，V_{BE} を無視して計算する。

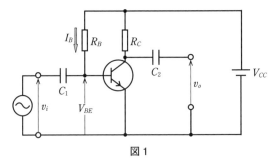

図1

$\bigodot$　電源電圧 V_{CC} はコレクタに接続されており，コレクタの C を二つつけて表す。

3 図2の回路について，次の各問いに答えよ。

(1) この回路の名称は(^{1})回路である。

↪ バイアス回路の名称。

(2) トランジスタは，温度が上昇するとコレクタ電流が増加するという性質がある。この回路は，温度が上昇したとき自動的にコレクタ電流の増加をおさえるという機能をもっている。図中の①〜⑤について，その説明が次の文である。文中の( )内に「増加」または「減少」の語を記入せよ。

① 温度が上昇すると，I_C が(^{2})する。

② V_{RC} が(^{3})する。

③ V_{CE} が(^{4})する。

④ I_B が(^{5})する。

⑤ I_B が(^{5})すると，I_C も(^{6})するので I_C の増加がおさえられる。

(3) この回路で，V_{CE}，V_{BE}，I_B を用いて，R_B を求める式を次の空欄に記入せよ。

↪ 分数式で表す。

$$R_B = \boxed{\begin{array}{l} 7 \\[3em] \end{array}}$$

(4) この回路において，$V_{CE} = 4.6\,\mathrm{V}$，$V_{BE} = 0.6\,\mathrm{V}$，$I_B = 20\,\mu\mathrm{A}$ のとき，$R_B\,[\mathrm{k\Omega}]$ の値を求めよ。

$$R_B = \boxed{\begin{array}{l} 8 \\[1.5em] \end{array}}$$

(5) $V_{CC} = 9\,\mathrm{V}$，$V_{CE} = 4.6\,\mathrm{V}$ のときの V_{RC} を求め，$I_C = 2\,\mathrm{mA}$ として $R_C\,[\mathrm{k\Omega}]$ の値を求めよ。

$$R_C = \boxed{\begin{array}{l} 9 \\[1.5em] \end{array}}$$

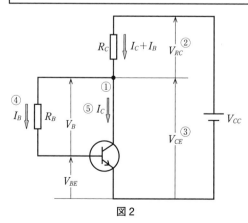

図2

4　図 3 の回路について，次の各問いに答えよ。

(1)　この回路の名称は，(^{1}　　　　　　　　　　)回路である。　　　　　⊖ バイアス回路の名称。

(2)　この回路は，周囲温度が上昇したとき，自動的にコレクタ電流
の増加をおさえるという機能をもっている。文中の(　　)内に
「増加」または「減少」の語を記入せよ。

①　温度が上昇すると，I_C が(^{2}　　　　)する。

②　そのため I_E が(^{3}　　　)する。

③　V_E が(^{4}　　　)する。

④　$V_{BE} = V_{RA} - V_E$，$V_{RA} =$ 一定なので，V_{BE} が(^{5}　　　　)する。

⑤　V_{BE} の変化で，I_B が(^{6}　　　　)する。

⑥　したがって，I_C は(^{7}　　　　)し，温度上昇による I_C の増加
がおさえられる。

(3)　次の文章は，図3の回路について述べたものである。下の語群
から適切な用語を選び，文中の(　　)の中に記入せよ。

①　R_A と R_B は，電源電圧 V_{CC} を分割する抵抗で(^{8}　　　　　)
抵抗とよばれる。

②　R_E は(^{9}　　　　　)抵抗または(^{10}　　　　　)抵抗とよば
れる。

③　C_E は(^{11}　　　　　)コンデンサとよばれる。

④　C_E の働きは，R_E に(^{12}　　　　　)を流さないようにするため
である。

```
─ 語群 ─────────────────────
 バイパス　　安全　　安定　　コレクタ　　エミッタ
 ブリーダ　　直流分　　交流分
─────────────────────────
```

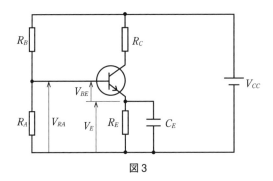

図3

5　次の文章は，図4の回路について述べたものである。下の語群か
ら適切な用語または式を選び，文中の（　　）の中に記入せよ。

(1)　この回路の名称は，(^{1}　　　　　　　　)回路とよばれる。　　　　🔁 バイアス回路に着目する。

(2)　コレクタ電圧 V_{CE} は，V_{CC} と $R_C I_C$ を用いて，

$V_{CE} = ($^{2}　　　　　　)と表される。

(3)　(2)で求めた V_{CE} の式において，V_{CE} を0とすると

$I_C = \left(^3\right)$となる。

(4)　(2)で求めた V_{CE} の式において，$I_C = 0$ とすると

$V_{CE} = ($^{4}　　　　)となる。

語群

電流帰還　　固定バイアス　　自己バイアス

$V_{CC} + R_C I_C$　　$V_{CC} - R_C I_C$　　$\dfrac{V_{CC}}{R_C}$　　$\dfrac{R_C}{V_{CC}}$

$\dfrac{V_{CE}}{R_C}$　　V_{CC}　　V_{BE}

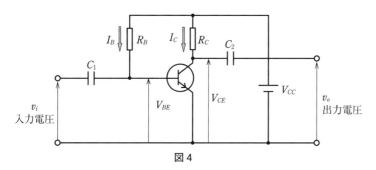

図4

6　図4の回路において，次の各問いに答えよ。

(1)　$V_{CC} = 9\,\text{V}$，$I_B = 10\,\mu\text{A}$，$V_{BE} = 0\,\text{V}$ として，$R_B\,[\text{k}\Omega]$ の値を　　🔁 電流を基本単位に直して計算する。
求めよ。

$R_B =$ | ^{1}

(2)　$V_{CC} = 9\,\text{V}$，$I_C = 1\,\text{mA}$，$V_{CE} = 5\,\text{V}$ として，$R_C\,[\text{k}\Omega]$ の値を求
めよ。

$R_C =$ | ^{2}

7　次の文章は，hパラメータについて述べたものである。下の語群から適切な用語，記号または式を選び，文中の（　）の中に記入せよ。

(1)　トランジスタのエミッタ接地回路で，ベース電流の変化分を ΔI_B，コレクタ電流の変化分を ΔI_C とすると，ΔI_B と ΔI_C を用いて表される式 $\left(^1\qquad\right)$ を電流増幅率といい，$(^2\qquad)$ で表す。

> ➡ ΔI_B の Δ（デルタ）は微小な変化量を表す。

(2)　ベース電圧の変化分を ΔV_{BE}，ベース電流の変化分を ΔI_B とすると，$\dfrac{\Delta V_{BE}}{\Delta I_B}$ を $(^3\qquad)$ といい，$(^4\qquad)$ で表す。単位は $(^5\qquad)$ である。

語群

$\dfrac{\Delta I_B}{\Delta I_C}$　　$\dfrac{\Delta I_C}{\Delta I_B}$　　h_{ie}　　h_{fe}　　h_{oe}　　A　　V　　Ω

入力インピーダンス　　出力インピーダンス

8　ベース電流が $2\,\mu A$ 変化したとき，コレクタ電流が $0.3\,mA$ 変化した。この場合の電流増幅率を求めよ。

$$h_{fe}=\frac{\Delta I_C}{\Delta I_B}=\frac{0.3\times(^1\qquad)}{2\times(^2\qquad)}=(^3\qquad)$$

9　図5の回路は，エミッタ接地回路の簡易等価回路である。次の各問いに答えよ。

(1)　入力電圧 $v_i\,[\mathrm{V}]$ を表す式を書け。

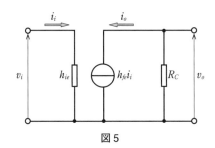

図5

(2)　出力電流 $i_o\,[\mathrm{A}]$ を表す式を書け。

(3)　出力電圧 $v_o\,[\mathrm{V}]$ の大きさを表す式を書け。

10 次の文章は，増幅回路の増幅度と利得について述べたものである。下の語群から適切な用語，記号または式を選び，（　）の中に記入せよ。ただし，同じ用語を重複して選んでもよい。

(1) 入力信号の大きさに対する出力信号の大きさの比を(1　　　)という。

(2) 増幅度には，(2　　　)増幅度 A_v，(3　　　)増幅度 A_i，および(4　　　)増幅度 A_p がある。

(3) A_v，A_i，A_p は，v_o，i_o，P_o，v_i，i_i，P_i を用いて，次のように表される。

$$A_v = \left(^5 \qquad\right), \ A_i = \left(^6 \qquad\right), \ A_p = \left(^7 \qquad\right)$$

(4) 増幅度を常用対数で表したものを(8　　　)という。

(5) 利得には，(9　　　)利得 G_v，(10　　　)利得 G_i，(11　　　)利得 G_p がある。単位には，(12　　　)が用いられる。

(6) G_v，G_i，G_p は，A_v，A_i，A_p を用いて次のように表される。

$$G_v = \left(^{13} \qquad\right)[\text{dB}]$$
$$G_i = \left(^{14} \qquad\right)[\text{dB}]$$
$$G_p = \left(^{15} \qquad\right)[\text{dB}]$$

> **語群**
>
> 増幅係数　　増幅度　　電流　　電力　　電圧　　電束
>
> dB　　利得　　$\left|\dfrac{v_i}{v_o}\right|$　$\left|\dfrac{v_o}{v_i}\right|$　$\left|\dfrac{i_i}{i_o}\right|$　$\left|\dfrac{i_o}{i_i}\right|$　$\left|\dfrac{P_i}{P_o}\right|$　$\left|\dfrac{P_o}{P_i}\right|$
>
> $10\log_{10}A_p$　　$20\log_{10}A_i$　　$20\log_{10}A_v$

11 図 6 は増幅回路の動作点の位置による分類をしたものである。A 級，B 級，C 級のいずれかを記入せよ。

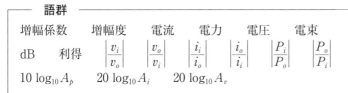
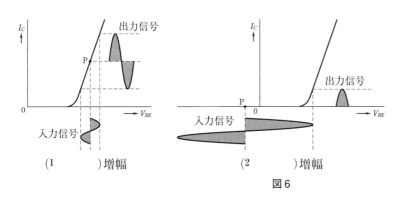
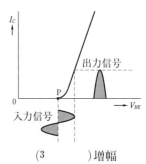

(1　　　)増幅　　(2　　　)増幅　　(3　　　)増幅

図 6

2 FETを用いた増幅回路の基礎 （教科書 p. 50〜54）

1 次の文章は，FETを用いた増幅回路について述べたものである。
下の語群から適切な用語を選び，文中の（　）の中に記入せよ。

FET増幅回路は，$(^1$　　　　　）インピーダンスがひじょうに高く，
$(^2$　　　　　）にはほとんど電流が流れない。このため，トランジスタ
に比べて，回路を簡単に考えることができる。

> **─ 語群 ─**
> 入力　　内部　　出力　　ドレーン(D)　　ゲート(G)
> ソース(S)

2 図1は，FET基本増幅回路である。この増幅回路でドレーン・
ソース間の電圧 V_{DS} [V]は，R_D，I_D，V_{DD} を用いて表すと，次の
ようになる。

💡 電源電圧 V_{DD} は，ドレーンに接続されており，ドレーンの D を二つつけて表す。

$$V_{DS} = (^1 \qquad\qquad)$$

また，$V_{DD} = 10\,\text{V}$，$I_D = 1\,\text{mA}$，
$V_{DS} = 4\,\text{V}$ のとき，$R_D\,[\text{k}\Omega]$ の値
を求めよ。

💡 R_D の両端の極性に気をつけて，式を立てる。

図1

$$R_D = \boxed{^2 \qquad\qquad\qquad\qquad\qquad\qquad\qquad}$$

3 図2，図3，図4は，FETを用いた基本増幅回路である。それぞ
れの回路の名称を（　）の中に記入せよ。

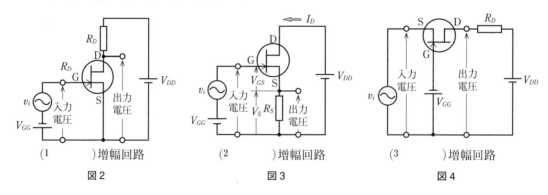

(1　　　　　)増幅回路　　　(2　　　　　)増幅回路　　　(3　　　　　)増幅回路
図2　　　　　　　　　　**図3**　　　　　　　　　　**図4**

4 次の文章は，FETのバイアス回路について述べたものである。下の語群から適切な用語または式を選び，文中の（　）の中に記入せよ。

(1) 図5に示す回路は，(^{1} 　　　　　　　　)FETのバイアス回路である。この回路はトランジスタの電流帰還バイアス回路に似ているが，FETは入力インピーダンスがひじょうに高く，ゲートに電流が流れないので，$I_S = (^2$ 　　　)となる。

(2) 図6に示す(^{1} 　　　　　　　　)FETのV_{GS}-I_D特性より，V_{GS}は(^{3} 　　　)の領域で使用されるので，ゲートにはソース電圧V_Sより(^{4} 　　)電圧V_2を加える。この回路では次の式がなりたつ。

$$V_2 = V_{GS} + V_S \qquad ①$$
$$V_S = R_S I_S = (^5 \qquad) \quad ②$$

また，V_{DD}に対するR_1とR_2の分圧の式より，次の式がなりたつ。

$$V_2 = \left(^6 \qquad\qquad\right) \qquad ③$$

式①，②，③より，V_{GS}は，次のように求められる。

$$V_{GS} = V_2 - V_S = \left(^6 \qquad\qquad\right) - (^5 \qquad)$$

このV_{GS}の値が，図6に示す動作点Pの電圧(^{7} 　　　)に等しくなるように，R_1とR_2を決める。

語群

デプレション形MOS　　エンハンスメント形MOS　　I_D

I_2　　正　　負　　正と負　　小さい　　大きい　　$R_S I_D$

$R_S I_G$　　$\dfrac{R_2}{R_1 + R_2} V_{DD}$　　$\dfrac{R_1}{R_1 + R_2} V_{DD}$　　V_{GSP}

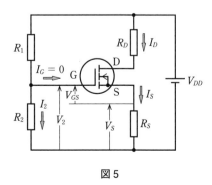

図5

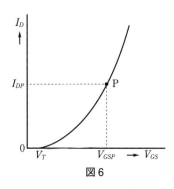

図6

3 いろいろな増幅回路 (教科書 p. 55〜66)

1 次の文章は，負帰還増幅回路について述べたものである。下の語群から適切な用語または式を選び，文中の（　）の中に記入せよ。だだし，図1の負帰還増幅の原理図を参考にすること。また，同じ用語を重複して選んでもよい。

(1) A は増幅度 A_v の増幅回路であり，B は出力 v_o の一部を入力側に v_f として戻す回路である。このように，出力の一部を入力側に戻すことを（^{1}　　　）といい，そのための回路を（^{2}　　　）という。

↪ フィードバック(回路)ともいう。

(2) 入力側に帰還するとき，逆位相で帰還することを（^{3}　　　）といい，出力電圧 v_o は，A_v，v_i，v_f を用いて次のように表される。
$$v_o = (^4 \qquad\qquad)$$

↪ 発振回路は正帰還である。

(3) 上記のような出力電圧 v_o が得られる増幅回路を（^{5}　　　）増幅回路という。

↪ 原理図において，増幅回路の入力側と出力側の電圧について考える。

(4) 出力電圧 v_o に対する帰還電圧 v_f の比 β は（^{6}　　　）とよばれ，β は次のように表される。

$$\beta = \left(^7 \qquad\qquad \right)$$

語群

帰戻	帰還	帰路	増幅回路	変調回路
帰還回路	正帰還	負帰還	逆相帰還	$A_v(v_i - v_f)$
$A_v(v_i + v_f)$	Bv_o	$\dfrac{v_o}{v_f}$	$\dfrac{v_i}{v_o}$	$\dfrac{v_f}{v_o}$ 帰還率

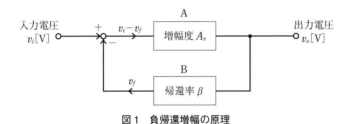

図1 負帰還増幅の原理

2 次の文章は，負帰還増幅回路の増幅度について述べたものである。下の語群から適切な用語または式を選び，（　　）内に記入せよ。

(1) 負帰還増幅回路の出力 v_o [V]は，増幅度を A_v，入力電圧を v_i，帰還電圧を v_f とすると，次の式で表される。

$$v_o = A_v(v_i - v_f) \cdots\cdots ①$$

また，帰還電圧 v_f [V]は，帰還率を β とすると，次の式で表される。

$$v_f = \beta v_o \cdots\cdots\cdots\cdots ②$$

負帰還増幅回路全体の増幅度 A_{vf} は，$A_{vf} = \dfrac{v_o}{v_i}$ であるから，式①，②を用いて次のように表される。

$$A_{vf} = \left(^1 \qquad\qquad\right) \cdots\cdots③$$

↩ 式①の v_f に式②を代入して $\dfrac{v_o}{v_i}$ を求める。

(2) 負帰還増幅回路の増幅度 A_{vf} は，式③で明らかなように，分母が大きくなるため負帰還をかけないときと比べると，増幅度は（^{2}　　　　）する。しかし，（^{3}　　　　）特性はよくなる。

┌─ **語群** ─────────────────────────────

$\dfrac{1 + A_v\beta}{A_v}$　　$\dfrac{A_v}{1 + A_v\beta}$　　$\dfrac{A_v}{1 - A_v\beta}$　　$\dfrac{1 - A_v\beta}{A_v}$　　周期

周波数　　利得　　帰還　　低下　　上昇

└──────────────────────────────────────

3 次の文章は，演算増幅器について述べたものである。下の語群から適切な用語を選び，文中の（　　）の中に記入せよ。

(1) 演算増幅器は，一般に（^{1}　　　　）とよばれる。

(2) 演算増幅器の電圧増幅度は（^{2}　　　）。また，（^{3}　　　）インピーダンスは大きく，（^{4}　　　）インピーダンスは小さい。

(3) 図2は演算増幅回路の図記号である。

A を（^{5}　　　）端子，B を（^{6}　　　）端子という。

また，二つの（^{7}　　　）電源が必要である。

(4) 二つの入力端子の間は，あたかも短絡しているようにみえる。これを（^{8}　　　　　　）という。

↩ 周波数特性はよい。

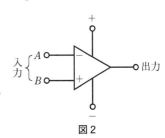

図2

┌─ **語群** ─────────────────────────────

オペアンプ　　大きい　　小さい　　入力　　出力　　交流

直流　　非反転入力　　反転入力　　イマジナリショート

└──────────────────────────────────────

4 図3に示す演算増幅回路について，各問いに答えよ。

(1) この演算増幅回路の出力と入力の位相関係は，反転か，非反転か。(1 _____)

(2) $R_f = 100\ \mathrm{k\Omega}$，$R_1 = 2\ \mathrm{k\Omega}$ のとき，電圧増幅度 A_v を求めよ。

➋ 反転増幅回路の場合，
$$A_v = -\frac{R_f}{R_1}$$
非反転増幅回路の場合，
$$A_v = 1 + \frac{R_f}{R_1}$$

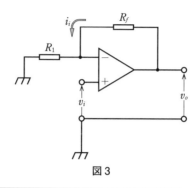

図3

$A_v = $ | 2

5 図4〜図7は，演算増幅器の応用回路である。それぞれの回路の名称を(　)の中に記入せよ。

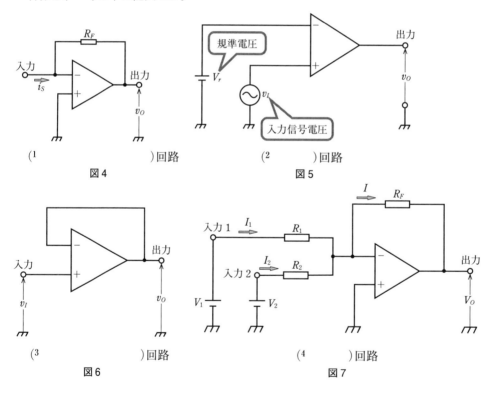

(1 _____)回路
図4

(2 _____)回路
図5

(3 _____)回路
図6

(4 _____)回路
図7

6　次の文章は，電力増幅回路について述べたものである。下の語群から適切な用語を選び，文中の（　　）の中に記入せよ。ただし，同じ用語を重複して選んでもよい。

(1)　スピーカを鳴らしたり，直流電動機を動かしたりするには，信号に比例した大きな電力が必要である。そのための増幅回路は，（^{1}　　　　）増幅回路とよばれる。

⊖ $p = vi$ であるから電力増幅は，電圧増幅 × 電流増幅で表す。

(2)　電力増幅用トランジスタを（^{2}　　　）トランジスタという。

(3)　入力信号波の正と負の電圧を2個のトランジスタで増幅するようにした回路を（^{3}　　　　　）電力増幅回路という。

(4)　図8の電力増幅回路において使用されるトランジスタは，特性のそろった（^{4}　　　）形トランジスタと（^{5}　　　）形トランジスタである。

(5)　入力波形の正の半波では（^{6}　　　）形トランジスタが動作し，負の半波では（^{7}　　　）形トランジスタが動作する。

⊖ このトランジスタの動作のことをプッシュプルという。

語群

高周波　　電力　　プッシュプル　　オペ　　パワー

イマジナリ　　pnp　　npn

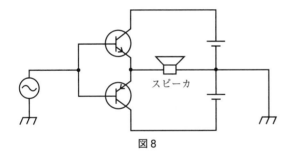

図8

7　電力増幅回路の中で，OTL回路とよばれるものがある。この回路の意味を簡単に述べよ。

⊖ output transformerless の頭文字をとったもの

（　　　　　　　　　　　　　　　　　　　　　　　　　　　　　）

8　次の文章は，高周波増幅回路について述べたものである。下の語
群から適切な用語または式を選び，文中の（　　）の中に記入せよ。

(1)　高周波増幅回路は(^{1}　　　）kHz～(^{2}　　　）MHz 程度の高
い周波数を増幅する。

(2)　高周波増幅回路に使用される共振回路を(^{3}　　　）といい，　🔄 *LC* 回路が使われる。
共振周波数を(^{4}　　　）という。　🔄 共振周波数が受信電波の周波数と一致すること。

(3)　図9の共振回路の周波数特性において，$f_2 - f_1$ を(^{5}　　　）
という。

(4)　f_1, f_2[Hz]は，L の端子電圧が$\left(^6 \quad\right)$になる周波数である。

(5)　共振回路の性能を表す Q と共振周波数 f_0[Hz]を用いて，帯域
幅 B を表すと，B は次のように表される。
$$B = \left(^7 \quad\right)$$
　🔄 Q の値が大きいと同調特性が鋭くなり，帯域幅は狭くなる。

(6)　共振回路の L の実効抵抗が小さくなると，Q の値は
(^{8}　　　）なり，帯域幅が(^{9}　　　），鋭い特性になる。

```
┌─ 語群 ──────────────────────────────────┐
│  20    100    200    300    同調回路    増幅回路        │
│  高周波    同調周波数    V₀/√3    V₀/√2    Q/f₀    f₀/Q    │
│  帯域幅    広く    狭く    大きく    小さく            │
└──────────────────────────────────────┘
```

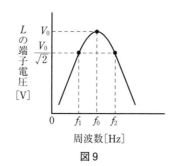

図9

9　$f_o = 455$ kHz，$Q = 85$ のとき，帯域幅 B[kHz]を求めよ。　🔄 455 kHz は AM ラジオの中間周波増幅器の共振周波数である。

◼4 発振回路 （教科書 p. 67〜74）

1 次の文章は，発振回路の原理について述べたものである。下の語群から適切な用語または式を選び，文中の（　）の中に記入せよ。

(1) マイクロホンとスピーカが接近すると，ピーという音がする。これを(^{1}　　　　)という。

(2) 図1の発振回路のブロック図において，増幅回路の増幅度を A_v，帰還回路の電圧帰還率を $β$ とする。いま，増幅回路に v_i [V] の入力電圧が加わると，出力電圧 v_o [V]は次の式で表せる。

　　　$v_o = ($^{2}　　　　)……①

　　また，帰還電圧 v_f [V]は，$βv_o$ であるから，式①を用いて次のように表せる。

　　　$v_f = ($^{3}　　　　)……②

◑ $v_f = βv_o$ に式①を代入する。

(3) 発振が成立する条件は(^{4}　　　)条件と(^{5}　　　　)条件である。

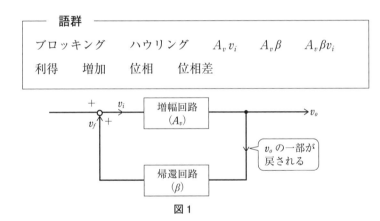

> **語群**
>
> ブロッキング　　ハウリング　　$A_v v_i$　　$A_v β$　　$A_v β v_i$
> 利得　　増加　　位相　　位相差

図1

2 同調形発振回路は，同調コイルのインダクタンス L とコンデンサの静電容量 C で同調回路を構成している。この場合，発振周波数 f [Hz]は，次の式で表される。

◑ $2πfL = \dfrac{1}{2πfc}$ から求められる。

　　　$f = ($^{1}　　　　　)

　　図2の発振回路は，同調回路がコレクタに接続されているので，(^{2}　　　　　)形ともいう。

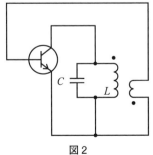

図2

3　次の文章は，CR 発振回路について述べたものである。下の語群から適切な用語，数値または式を選び，文中の（　）の中に記入せよ。

(1)　帰還電圧を入力電圧と同相になるように，静電容量 C と抵抗 R を用いて構成する発振回路を（¹　　　　　　）という。

(2)　CR 移相形発振回路の発振周波数 f[Hz]は，次の式で表される。

$$f = \left(^2 \qquad\qquad\right)$$

◀ LC 発振回路の発振周波数とは異なる。

(3)　CR 移相形発振回路において，$R = 2\,\mathrm{k\Omega}$，$C = 0.02\,\mathrm{\mu F}$ のとき，発振周波数 f は（³　　　）kHz である。

───── **語群** ─────

LR 発振回路　　　CR 発振回路　　　コルピッツ発振回路

$\dfrac{1}{2\pi CR}$　　$\dfrac{1}{2\pi\sqrt{6}\,CR}$　　$\dfrac{1}{2\pi\sqrt{7}\,CR}$　　$\dfrac{1}{CR}$

25　　3.98　　1.62　　1.5

4　次の文章は，水晶発振回路について述べたものである。下の語群から適切な用語または数値を選び，文中の（　）の中に記入せよ。

(1)　水晶片に圧力を加えると電荷が現れ，電圧を加えると変形する。この現象を（¹　　　）現象という。

(2)　水晶片を 2 枚の電極ではさんだ素子を（²　　　　　）という。

(3)　水晶発振回路の発振周波数は（³　　　）MHz～（⁴　　　）MHz 程度である。

(4)　周波数変動の割合は（⁵　　　　　）でひじょうに小さい。

◀ LC 発振回路の周波数変動割合は 10^{-2}～10^{-4} 程度であり，水晶発振回路の場合，これに比べるとひじょうに小さい。

(5)　水晶発振回路の特徴は，周波数が正確で（⁶　　　　　）であるということである。

───── **語群** ─────

圧電　　　電圧　　　圧縮　　　水晶発振　　　水晶振動子

安定な発振　　　0.04　　　0.4　　　20　　　200

10^{-6}～10^{-7}　　　10^{-3}～10^{-4}

5 変調回路と復調回路 (教科書 p. 75〜81)

1 次の文章は，変調回路および復調回路について述べたものである。下の語群から適切な用語を選び，文中の（　）の中に記入せよ。

(1) 信号波を乗せて運ぶために用いられる数百 kHz の高周波の電気信号を(^{1}　　　)という。

(2) 搬送波の振幅や周波数を信号波で変化させることを(^{2}　　　)といい，搬送波を(^{2}　　　)して得られる波を(^{3}　　　)という。

(3) 変調波から信号波の成分を取り出すことを(^{4}　　　)または(^{5}　　　)という。

(4) 変調回路には，搬送波の振幅を変化させる(^{6}　　　)回路と周波数を変える(^{7}　　　)回路などがある。

(5) 振幅変調波の復調には，ダイオードの整流作用とコンデンサのフィルタを利用した(^{8}　　　)回路を用いる。

語群

送信波　搬送波　復元　復調　変調　変化
検波　検定　振幅変調　パルス変調　周波数変調
振幅検波　パルス幅検波　変調波

---

2 図1に示す回路は，ダイオードを用いた振幅検波回路である。入力側に①の波形を加えたとき②，③，④はどのような波形になるか。ⓐ，ⓑ，ⓒから選べ。

②→（　　　）

③→（　　　）

④→（　　　）

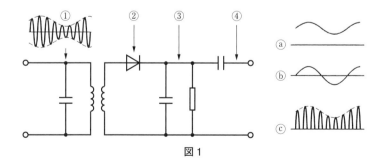

図1

6 直流電源回路 （教科書 p. 82〜87）

1 図1は，直流電源回路の構成を示したものである。下の語群から
適切な回路名を選び，（　）の中に記入せよ。

↩ 安定化回路も含む直流電源
　回路のこと。

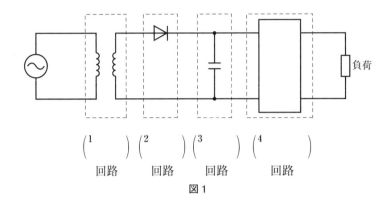

↩ 負荷とは抵抗を含め，直流
　電源を必要とする電子機器類
　のこと。

$$\binom{1}{}\quad\binom{2}{}\quad\binom{3}{}\quad\binom{4}{}$$
　回路　　回路　　回路　　　回路
図1

2 図2に示す電源回路の名称を（　）に記入せよ。また，入力電圧
に対する出力電圧として，正しい波形は@〜©のどれか。記号で答
えよ。

回路の名称：(1　　　　　　　　)

↩ 全波整流回路，半波整流回
　路

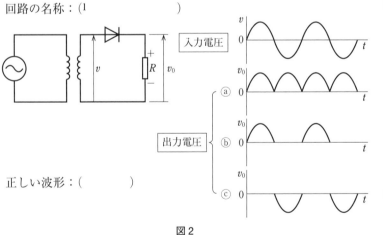

正しい波形：（　　　）

↩ ＋，−の極性に注意する。

図2

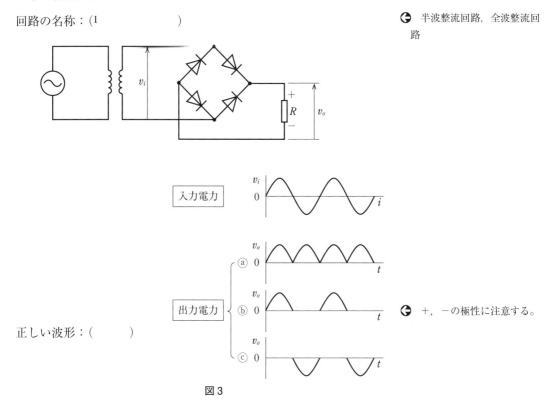

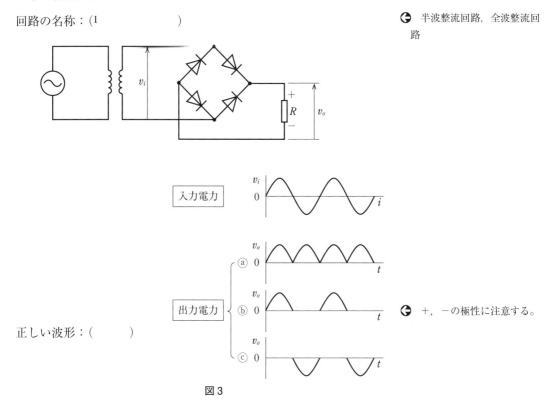

3 図3に示す電源回路の名称を( )に記入せよ。また，入力電圧 v_i に対する出力電圧 v_o として，正しい波形は ⓐ～ⓒ のどれか，記号で答えよ。

回路の名称：(1)

➡ 半波整流回路，全波整流回路

入力電力

出力電力

➡ ＋，－の極性に注意する。

正しい波形：( )

図3

4 次の A～D の回路の働きを表すものを下の ⓐ～ⓓ から選び，( )の中に記入せよ。

A 変圧回路(1)　B 整流回路(2)

C 平滑回路(3)　D 電圧安定化回路(4)

➡ A → B → C → D の流れであることを考慮する。

　ⓐ 脈動電圧を滑らかな直流電圧にする。

　ⓑ 負荷が変動しても直流出力電圧を一定に保つ。

　ⓒ 交流電圧の大きさを変える。

　ⓓ 交流電圧を脈動電圧に変える。

5 次の文章の( )の中に適切な用語を記入せよ。

　電圧安定化回路の部分を集積化した IC を(1)という。この素子は，入力・出力・(2)の三つの端子をもち，入力に整流回路の出力電圧を加えると，出力には安定した (3)電圧が現れる。

➡ IC：集積回路のこと。

章 末 問 題 2

1　図1は電流帰還バイアス回路である。この回路について次の各問いに答えよ。

(1)　R_E, C_E の名称とそれぞれの機能について述べよ。

名称　R_E : (^{1}　　　　　　　　　　), C_E : (^{2}　　　　　　　　　　)

R_E の機能は(^{3}　　　　　　　　　　　　　　　　)である。

C_E の機能は(^{4}　　　　　　　　　　　　　　　　)である。

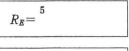

(2)　R_E の両端の電圧が1.2 V, エミッタ電流 I_E が1 mA のとき, R_E [kΩ] の値を求めよ。

$$R_E = \boxed{}^{\,5}$$

(3)　$V_{CC} = 9$ V, $R_A = 10$ kΩ, $R_B = 90$ kΩ のとき, V_{RA} [V] および V_{RB} [V] の値を求めよ。

$$V_{RA} = \boxed{}^{\,6}$$
$$V_{RB} = \boxed{}^{\,7}$$

(4)　$V_{RC} = 5$ V, $I_C = 1$ mA のとき, R_C [kΩ] の値を求めよ。

$$R_C = \boxed{}^{\,8}$$

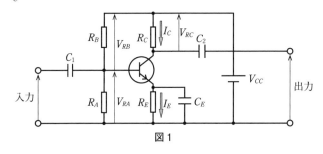

図1

2　ある増幅回路において,

入出力電圧が $v_i = 0.1$ V, $v_o = 5$ V,

入出力電流が $i_i = 2$ mA, $i_o = 200$ mA

であった。$\log_{10} 5 = 0.699$ とし, 次の各問いに答えよ。

(1)　電圧増幅率 A_v を求めよ。

(2)　電流増幅率 A_i を求めよ。

(3)　電圧利得 G_v を求めよ。

(4)　電流利得 G_i を求めよ。

(5)　電力利得 G_p を求めよ。

3　次の発振回路の回路名と，発振周波数 f [Hz] を求める式を（　）に記入せよ。

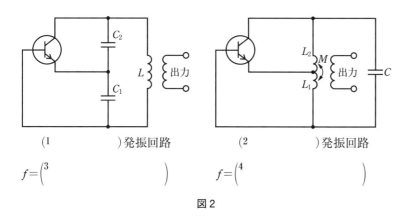

（1　　　　　　）発振回路　　　　（2　　　　　　）発振回路

$f = \left(^3 \qquad\qquad\qquad \right)$ 　　$f = \left(^4 \qquad\qquad\qquad\qquad \right)$

図 2

4　次の回路は，全波整流回路のダイオードブリッジの部分を示す。ダイオード 4 個を正しく結線したものは，①〜④のうちどれか。

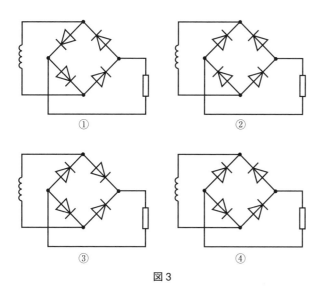

①　　　　　　　　　　　②

③　　　　　　　　　　　④

図 3

⊖　変圧器の 2 次側（図のコイル）の上側が＋のとき，電流がどのように流れるかを考える。次に，下側が＋のときを考える。

第3章　ディジタル回路

1　論理回路　(教科書 p. 92〜102)

1　例にならって，回路名，図記号，論理式を記入せよ。

(例)　論理積回路	AND 回路	A B ⟩— F	$F = A \cdot B$

	回路名	図記号	論理式
論 理 和 回 路	①	⑤	⑨
論 理 否 定 回 路	②	⑥	⑩
否 定 論 理 積 回 路	③	⑦	⑪
否 定 論 理 和 回 路	④	⑧	⑫

2　二つの入力と一つの出力からなり，入力 A, B の値が異なるときだけ出力 F が "1" となる回路の名称は①(　　　　　　)回路である。この回路の図記号，論理式を書き，真理値表の出力 F に "1" または "0" を記入せよ。

↪ EX-OR 回路ともいうが，①は日本語の名称を記入する。

(図記号)	(論理式)
②	③

入力		出力
A	B	F
0	0	④
0	1	⑤
1	0	⑥
1	1	⑦

3 図1と図2の回路は，マルチプレクサとデマルチプレクサの回路
である。（　）に回路名を書き，タイムチャートを完成させよ。

(1)

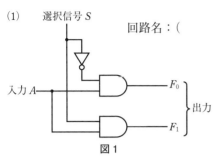

回路名：（　　　　　　　）

図1

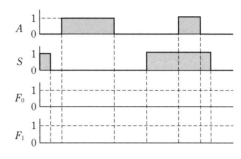

(2)

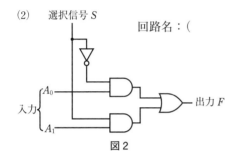

回路名：（　　　　　　　）

図2

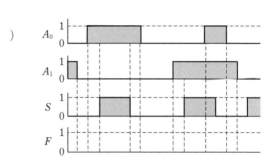

4 次のJKフリップフロップの図記号と真理値表を参照し，タイム
チャートを完成させよ。

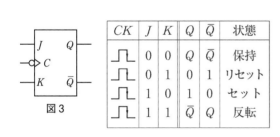

図3

CK	J	K	Q	$\bar{Q}$	状態
⊓	0	0	Q	$\bar{Q}$	保持
⊓	0	1	0	1	リセット
⊓	1	0	1	0	セット
⊓	1	1	$\bar{Q}$	Q	反転

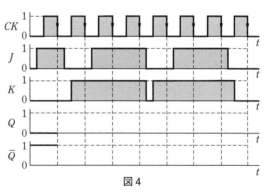

図4

5 次の回路は，入力されたクロックパルスの個数を数える回路である。

(1) この回路の名称を書け。（　　　　　　）

(2) タイムチャートを完成させよ。

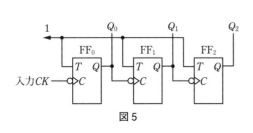

図5

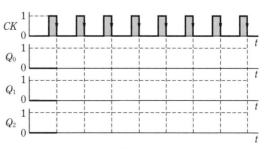

図6

2 パルス回路 （教科書 p. 103〜109）

1 図1の回路について，次の各問いに答えよ。

(1) この回路の名称を書け。(　　　　　　　)

(2) 入力として正弦波交流電圧を加えると，出力 v_o にはどのような波形の電圧が現れるか。

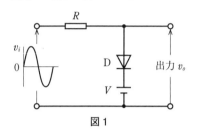

図1

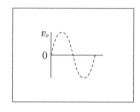

> ダイオードには，厳密に考えると順電圧 V_F [V]があるが，ここでは簡略化のため $V_F = 0$ V として考える(以下同じ)。

> 入力電圧 v_i [V]の最大値は電圧 V [V]より大きいものとする(以下同じ)。

2 図2の回路について，次の各問いに答えよ。

(1) この回路の名称を書け。(　　　　　　　)

(2) 入力として正弦波交流電圧を加えると，出力にはどのような波形が現れるか。

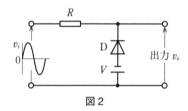

図2

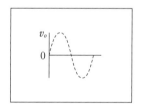

3 図3の回路について，次の各問いに答えよ。

(1) この回路の名称を書け。

(　　　　　　　)

(2) 入力として正弦波交流電圧を加えると，出力にはどのような波形が現れるか。

(3) この回路は，どのような電子機器のどのような回路として利用されているか。

(　　　　　　　　　　)の

(　　　　　　　　　　)

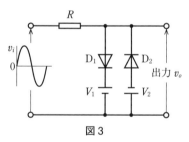

図3

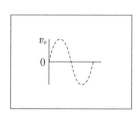

4　次の文章は，マルチバイブレータについて述べたものである。下の語群から適切な用語または式を選び，文中の（　）の中に記入せよ。

(1)　マルチバイブレータには(^{1}　　　)マルチバイブレータ，(^{2}　　　)マルチバイブレータ，(^{3}　　　)マルチバイブレータの3種類がある。

(2)　自動的にパルスを発生するマルチバイブレータを(^{1}　　　)マルチバイブレータという。

(3)　トリガパルスとよばれる幅の短いパルスを加えると，一定のパルス幅のパルスを出力するマルチバイブレータを(^{2}　　　)マルチバイブレータという。パルス幅は(^{4}　　　)で表される。

🔁　結合回路の抵抗を R，コンデンサを C とする。

(4)　二つの安定状態があり，トリガパルスを加えると安定状態1から安定状態2に移るというような機能をもつマルチバイブレータを(^{3}　　　)マルチバイブレータという。

🔁　フリップフロップ回路ともいう。

┌── **語群** ──────────────────────┐
　双安定　　非安定　　単安定　　$w = 2.2RC$　　$w = 0.69RC$
└───────────────────────────┘

5　図4の回路は，ICを用いた非安定マルチバイブレータである。
　抵抗 R と静電容量 C の値が次の①，②のとき，発振周波数 f_1，f_2 [kHz]，および周期 T_1，T_2 [μs] を求めよ。

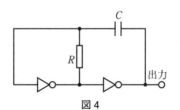

図4

🔁　$f = \dfrac{1}{2.2RC}$ [Hz]

🔁　有効数字3けたとする。

①　$R = 2\,\text{k}\Omega$，$C = 0.1\,\mu\text{F}$　　②　$R = 100\,\Omega$，$C = 0.2\,\mu\text{F}$

$f_1 = $ [^{1}　　　　]　　$f_2 = $ [^{3}　　　　]

$T_1 = $ [^{2}　　　　]　　$T_2 = $ [^{4}　　　　]

6　単安定マルチバイブレータの抵抗 R および静電容量 C が次の値のとき，パルス幅 w [s] はいくらか。

$R = 400\,\text{k}\Omega$，$C = 20\,\mu\text{F}$

$w = ($　　　　　　$)$

3 アナログ-ディジタル変換器 （教科書 p. 110〜118）

1　図1は，はしご形D-A変換器の回路である。入力するディジタル信号が$(1\ 1\ 0)_2$である場合の等価回路を書き，そのときの出力電流I_o'を求め0，0，1を入力したときの何倍になるか答えよ。

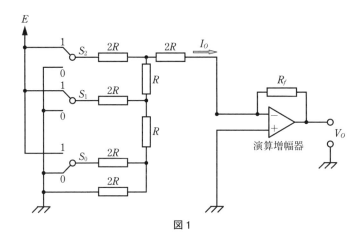

図1

2　A-D変換器の方式を三つあげよ。

（　　　　　　　）形，（　　　　　　　）形，（　　　　　　　）形

3　図2は，A-D変換の構成図である。（　　）の中に適切な用語を記入せよ。

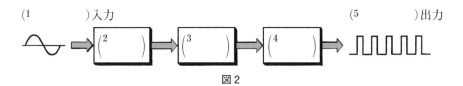

(1　　　　　)入力　　　　　　　　　　　　　　　(5　　　　　)出力

(2　　　)　　(3　　　)　　(4　　　)

図2

4　並列比較形A-D変換器はどのようなものに広く利用されているか答えよ。

章 末 問 題 3

1　次に示す真理値表に対応する論理回路の名称を(　　)の中に記入
せよ。

(1　　　　　　)　　　(2　　　　　　　)　　　(3　　　　　　　)

入　力		出力
A	B	F
0	0	1
0	1	1
1	0	1
1	1	0

入　力		出力
A	B	F
0	0	0
0	1	1
1	0	1
1	1	1

入　力		出力
A	B	F
0	0	0
0	1	1
1	0	1
1	1	0

2　次の文章は,フリップフロップについて述べたものである。下の
語群から適切な用語を選び,文中の(　　)の中に記入せよ。

(1)　フリップフロップ(FF)には(^{1}　　　)-FF,(^{2}　　　)-FF,

(^{3}　　　)-FF,(^{4}　　　)-FF などがある。

(2)　RSフリップフロップは,論理記号の(^{5}　　　　　　)回路や

(^{6}　　　　　　)回路で構成することができ,入力側に

(^{7}　　　　)、(^{8}　　　　　　)の二つの端子がある。

また,出力側に(^{9}　　　)、(^{10}　　　　)の二つの端子がある。

語群

RS　　JK　　D　　T　　フリップフロップ　　Q　　$\bar{Q}$

セット　　リセット　　マルチバイブレータ　　NAND

NOR

3　図1の回路で,入力側に正弦波交流電圧 v_i を加えたとき,出力側
に現われる波形を描け。ただし,$V_1 > V_2$ とする。

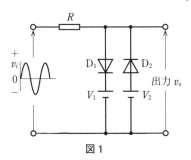

図 1

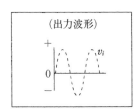

(出力波形)

🖝　出力波形は破線の入力波形
をもとにして,実線で描け。
ダイオードの順電圧は無視す
る。

第4章　通信システムの基礎

1　有線通信システム （教科書 p. 122〜139）

1　次の文章は，電話機および電話交換について述べたものである。下の語群から適切な用語を選び，文中の（　　）の中に記入せよ。ただし，同じ用語を重複して選んでもよい。

(1)　電話の送話器には，(^{1}　　　　　）送話器，
　　(^{2}　　　　　　　）送話器，(^{3}　　　　　　　）送話器がある。
　　受話器には(^{4}　　　　　）受話器，(^{5}　　　　　　　　）受話器，
　　(^{6}　　　　　　）受話器などがある。

(2)　送話器と受話器が一体となっているものを
　　(^{7}　　　　　　　）という。

(3)　電話機には，基本機能のみの簡単な構造の
　　(^{8}　　　　　　　　　）式電話機とさまざまな機能を備えた
　　(^{9}　　　　　　）形電話機とがある。

(4)　選択信号には，(^{10}　　　　　）信号と(^{11}　　　　　　）信号がある。

> **── 語群 ──**
>
> 酸素形　　炭素形　　ダイナミック形　　静電形
> コンデンサ形　　圧電形　　電圧形　　ハンドセット
> AB　　DP　　PB　　押しボタンダイヤル　　多機能
> 高機能

2　次の文章は，通信網について述べたものである。下の語群から適切な用語を選び，文中の（　　）の中に記入せよ。

　　IP網は，電話機相互の通話のために(^{1}　　　　　　）というデータを利用し，(^{2}　　　　）とよばれる中継器を介して通話を行う。
　　(^{2}　　　　）は，(^{3}　　　　）の(^{1}　　　　　　）に従って，次のどの(^{2}　　　　）へつなげばよいか判断して中継する。

> **── 語群 ──**
>
> サーバ　　ルータ　　交換機　　送信側　　着信側
> IPアドレス　　網アドレス

3 次の文章は，光電話について述べたものである。下の語群から適切な用語を選び，文中の（　　）の中に記入せよ。

(1) 光電話は，電話の音声信号を(¹　　　　)に変換して，光ファイバケーブルで送受信するしくみをいう。

(2) 光電話対応機器の機能には，(²　　　　　)の送受信と，着信側電話番号の通知やダイヤルトーンや呼出音のための

(³　　　　　　)の送受信がある。

(3) 発信側の光電話対応機器内では，(⁴　　　　　　)である音声信号を A-D 変換器で(⁵　　　　　　)に変換したあと

(⁶　　　　　)し，さらに電光変換器で(¹　　　　)に変換して送信する。

```
—— 語群 ——————————————————————————
ディジタル信号   アナログ信号   音声信号   光信号
制御用信号   IP 電話   光電話   パケット化
```

4 次の文章は，通信ケーブルについて述べたものである。下の語群から適切な用語または数値を選び，文中の（　　）の中に記入せよ。

(1) 通信ケーブルには，電気信号を伝送する(¹　　　　　)や

(²　　　　　)，光信号を伝送する

(³　　　　　　)などがある。

(2) 対ケーブルに利用される導線は(⁴　　　)で一対になっている。対ケーブルは(⁵　　　)銅線をより合わせてつくられている。

(3) 同軸ケーブルの伝送帯域は数百(⁶　　　)程度，特性インピーダンスは(⁷　　　　)のものが多い。

(4) 光ファイバの伝送モードには，遠距離用に(⁸　　　)モード，近距離用に(⁹　　　)モードが用いられる。

(5) 光ファイバの構造は，図1に示すように，光をよく通す屈折率の(¹⁰　　　)コアと，コアを取り囲む屈折率の

(¹¹　　　)クラッドからなっている。

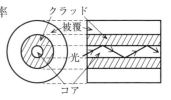

図1 光ファイバの構造

```
—— 語群 ——————————————————————————
同軸ケーブル   光ファイバケーブル   対ケーブル
kHz   MHz   2本   4本   軟   硬   マルチ
シングル   ダブル   減衰特性がよい
50 Ω または 75 Ω   5 Ω   低い   高い
```

5　送信側の電力が $5\,\text{mW}$，受信側の電力が $100\,\text{mW}$ のとき，伝送量（相対レベル）を求めよ。ただし，$\log_{10} 2 = 0.301$ とする。

6　回路の伝送損失が $-10\,\text{dB}$，増幅器の利得が $18\,\text{dB}$ のとき，全体の伝送量 A を求めよ。

7　次の文章は，特性インピーダンスについて述べたものである。下の語群から適切な用語または式を選び，文中の（　　）の中に記入せよ。

⑴　特性インピーダンスが Z_1，Z_2 と異なる通信線路を接続したとき，その接続点で送信側に入力信号の一部またはすべてが戻る現象を（¹　　　）といい，このとき，入力信号を（²　　　），戻る信号を（³　　　）という。

⑵　接続点への（²　　　）と（³　　　）の電圧の比を
　（⁴　　　　　　　　）といい，式は $\left(^5 \right)$ である。

⑶　反射が生じないのは，特性インピーダンスが（⁶　　　）ときで（⁴　　　　　　　　）は 0 となる。接続する通信線路の特性インピーダンスを合わせることを（⁷　　　　　　　　）といい，一般的に（⁸　　　）を用いる。

```
―― 語群 ――――――――――――――――――――――――――
  入射    反射    入射波    反射波    利得    等しい

  伝送損失    電圧反射係数 M_V    (Z_2 + Z_1)/(Z_2 - Z_1)    (Z_2 - Z_1)/(Z_2 + Z_1)

  整合変成器    インピーダンス整合
```

$$\dfrac{Z_2 + Z_1}{Z_2 - Z_1} \qquad \dfrac{Z_2 - Z_1}{Z_2 + Z_1}$$

8　漏話減衰量を求める式を書け。
　（　　　　　　　　　　　　　　）

9　アナログ信号とディジタル信号の多重伝送の方法をそれぞれ答えよ。
　（　　　　　　　　　　）多重方式
　（　　　　　　　　　　）多重方式

10　次の文章は，多重化に用いる変調について述べたものである。下の語群から適切な用語を選び，文中の（　）の中に記入せよ。

(1)　振幅変調波の一種で，変調によって生じた上側波帯または下側波帯のいずれかを利用して，搬送波の周波数だけ移動した信号を（1　　　　）変調出力という。

(2)　光電話対応機器の A-D 変換で用いられている変換は，（2　　　　）変調（3　　　　）である。

> **語群**
> パルス符号　　パルス振幅　　DSB　　SSB　　PCM
> PAM　　TDM

11　次の文章は，光ファイバ伝送方式の特徴について述べたものである。（　）に適切な用語を記入せよ。

(1)　広帯域，（1　　　　）通信が可能である。

(2)　低損失のため，（2　　　　）を長くできる。

(3)　電磁誘導がないため，光ファイバケーブル相互間の（3　　　）が少ない。

(4)　同軸ケーブルより（4　　　　）である。

(5)　光ファイバケーブルは，（5　　　）を送ることができない。

(6)　ケーブル敷設のさいの（6　　　）に弱い。

12　次の文章は，光通信の多重化について述べたものである。下の語群から適切な用語を選び，文中の（　）の中に記入せよ。

光ファイバを用いて双方向通信を行うために，上り信号（加入者から電話事業者）と下り信号（電話事業者から加入者）にそれぞれ別の光波長を割り当てることにより，1 本の光ファイバで同時に送受信する多重方式を（1　　　　）方式（2　　　　）という。

> **語群**
> 光ファイバ伝送　　波長分割多重　　時分割多重　　WDM
> FDM　　PON

2　無線通信システム （教科書 p. 140〜159）

1　次の文章は，電波について述べたものである。下の語群から適切な用語または数値を選び，文中の（　　）の中に記入せよ。

(1)　電磁波とは，次々と(^{1}　　　）と(^{2}　　　）が(^{3}　　　）に交わり，(^{4}　　　）として放出されていくものをいう。

(2)　電波法で定められた(^{5}　　　　　　　）以下の周波数の電磁波を(^{6}　　　）という。

(3)　(^{6}　　　）は光と同じような(^{7}　　　）・反射・(^{8}　　　）・回折などの性質がある。

(4)　電波の(^{9}　　　）λ [m]は，(^{10}　　　）c [m/s]に比例し，(^{11}　　　）f [Hz]に反比例する。

```
──── 語群 ────
 電界    磁界    電磁界    電波    3 × 10^6 MHz
 3 × 10^3 MHz    屈折    直進    周期    周波数
 光の速さ    波長    波動    直角
```

2　次の(1)〜(5)に関係ある答をA群，B群から選び記号で答えよ。

(1)　VHF　　　(^{1}　　　），(^{2}　　　）

(2)　MF　　　　(^{3}　　　），(^{4}　　　）

(3)　UHF　　　(^{5}　　　），(^{6}　　　）

(4)　HF　　　　(^{7}　　　），(^{8}　　　）

(5)　SHF　　　(^{9}　　　），(^{10}　　　）

A群　　　　　　　　B群

a　中波　　　　　ア　衛星通信

b　短波　　　　　イ　AMラジオ

c　超短波　　　　ウ　短波放送

d　極超短波　　　エ　携帯電話機・地上ディジタルテレビジョン放送

e　センチメートル波　オ　FMラジオ

3　周波数が100 MHzの半波長アンテナの長さ l [m]を求めよ。また，その実効長 l_e [m]を求めよ。

↻　1, 3, 5, 7, 9 はA群から，2, 4, 6, 8, 10 はB群から選ぶこと。

4 次の文章は，アンテナについて述べたものである。下の語群から適切な用語または式を選び，文中の（　）の中に記入せよ。

(1) 図1に示す半波長アンテナの長さ l は，電波の波長を λ [m]とすると，(^{1}　　　　)[m]となり，指向性は(^{2}　　　　)である。

(2) 図2に示す八木・宇田アンテナの構成で，aは(^{3}　　　)，bは(^{4}　　　)，cは(^{5}　　　)である。

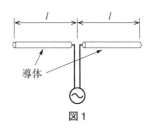

図1

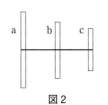

図2

語群

$\dfrac{\lambda}{2}$　$\dfrac{\lambda}{4}$　　無指向性　　8の字特性　　反射器

放射器　　導波器

---

5 次の移動通信・マイクロ波通信・衛星通信に関する問いにおいて，下の語群から適切な用語または数値を選び，文中の（　）の中に記入せよ。

(1) 携帯電話機は移動局の一種で，小型・軽量の(^{1}　　　　)で通信を行う装置である。

(2) 携帯電話の周波数は2 GHz帯，(^{2}　　　　)，(^{3}　　　　)が利用されている。

(3) マイクロ波とよばれる周波数は，一般に(^{4}　　　)以上の電波をいう。また，波長が短いため，(^{5}　　　)に似た伝搬特性をもっている。

(4) マイクロ波の発振や増幅に用いられる機器は(^{6}　　　　)，(^{7}　　　　)である。

(5) マイクロ波の伝送には，(^{8}　　　　)を利用する。

語群

PHS　　無線機　　発振器　　1 GHz帯　　1.5 GHz帯

3 GHz　　3.5 GHz帯　　導波管　　マグネトロン

進行波管　　28 kHz帯　　28 GHz帯　　光

---

6 次の文章は，衛星通信ついて述べたものである。下の語群から適切な用語または数値を選び，文中の(　　)の中に記入せよ。

(1) 静止衛星は，赤道上空の約(^{1}　　)km の静止軌道に打ち上げられている。

(2) 静止衛星は最低(^{2}　　)基打ち上げれば世界的な衛星通信網ができる。

(3) 放送番組の情報は，まず衛星放送の地球局から放送衛星に電波を放射する。これを(^{3}　　)といい，受信した電波を増幅して日本全土を対象とするように放射することを(^{4}　　)という。

(4) 衛星放送の受信アンテナにはおもに(^{5}　　)アンテナが用いられる。

語群

パラボラ　　八木・宇田　　3　　12　　3600　　36000

アップリンク　　ダウンリンク

---

7 振幅変調波をオシロスコープで測定したところ図3が得られた。$a = 5$ cm, $b = 1$ cm として変調度 m を求めよ。

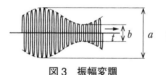

図3　振幅変調

⊙ 変調度は1以下の値である。

8 図4は，AM送信機の基本的な構成図である。下の語群から適切な用語を選び，記号を(　　)の中に記入せよ。

⊙ AMとは振幅変調のこと。

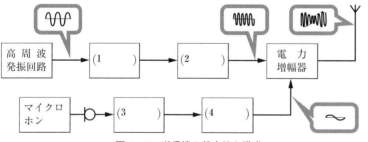

図4　AM送信機の基本的な構成

⊙ 構成図中の波形によって判断する。

語群

ア．周波数逓倍回路　　イ．電圧増幅回路　　ウ．緩衝増幅回路

エ．低周波増幅回路　　オ．高周波増幅回路　　カ．変調回路

キ．周波数変調回路

9　FM送信機を構成する回路の説明として，次の(1)～(3)の文章に当てはまる回路名を図5から選び，文中の(　　)の中に記入せよ。

(1)　(^{1}　　　　)回路は，マイクロホンから大きな音声信号がはいり込んでも周波数偏移を許容値範囲内に収めるために利用されている。

(2)　(^{2}　　　　　　　)回路は，変調信号の周波数が高いところでは雑音が大きくなるので，この領域の信号を強調するために利用されている。

(3)　(^{3}　　　　　)回路は，電力増幅回路が必要とする大きさにFM波を調整するために利用されている。

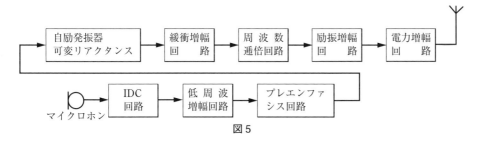

図5

10　図6は，スーパヘテロダイン受信機の構成例である。下の語群から適切な用語を選び，記号を(　　)の中に記入せよ。

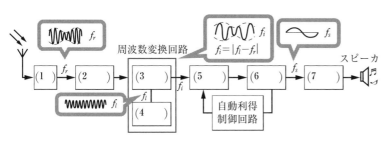

図6　標準形スーパヘテロダイン受信機の構成例

―――語群―――
ア．同調回路　イ．低周波増幅回路　ウ．高周波増幅回路
エ．局部発振回路　オ．周波数混合回路
カ．中間周波増幅回路　キ．検波回路

11　上の図6の受信機において，受信電波f_rを1130 kHzとする。このとき，局部発振周波数f_l[kHz]を求めよ。

🔁 ヘテロダインとは到来電波と局部発振を混合してうねり波をつくること。

🔁 構成図中の波形によって判断する。

🔁 この受信機の中間周波数は455 kHzである。
　なお，$f_r < f_l$の条件で求める。

3 データ通信システム （教科書 p. 160〜174）

1 図1は，電話回線を使ってディジタル信号を伝送するときの搬送波の各種変調波形である。変調名およびその記号を下の語群から選び，（　　）の中に記入せよ。

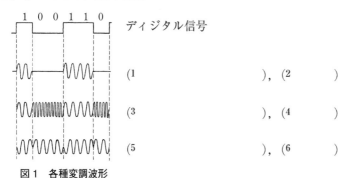

図1　各種変調波形

⊖ 1，3，5には変調名を，2，4，6には記号を入れる。

┌─ **語群** ─────────────────────────┐
位相偏移変調　　振幅偏移変調　　周波数偏移変調
パルス幅変調　　PSK　　ASK　　FSK　　AFC　　ISDN
└────────────────────────────────┘

⊖ PSK：phase shift keying
　ASK：amplitude shift key-
　　ing
　FSK：frequency shift key-
　　ing
　AFC：automatic frequency
　　control

2 次の各問いに答えよ。

(1) 信号の状態が16種類あるとき，ディジタル信号の情報量は，$\log_2 16$ ［ビット］で求まる。情報量は何ビットか。

⊖ $\log_2 2 = 1$ である。

(2) 四相PSKで，データ信号速度が4800 bpsとすれば，変調速度［ボー］はいくらか。

3 次の各問いに答えよ。

(1) 送信端末から128ビットのデータを送ったときに，受信端末で124ビットのデータを正しく受け取ることができた。このときのビット誤り率はいくらか。

(2) 1024ビットを送信したときのビット誤り率が0.125であった。このときの受信誤りが発生したビット数と正しく受信できたビット数は，それぞれいくらか。

4 次の文章は，データの誤り検出について述べたものである。下の語群から適切な用語を選び，文中の（　　）の中に記入せよ。

（1　　　　　）符号は，ディジタルデータの（2　　　　　）品質を向上させるために使用され，代表的な方式として，（3　　　　　　　　）符号がある。（3　　　　　　　　　　）符号は，（2　　　　　）データの（4　　　　）列に対して，1である（4　　　　）の個数が偶数になるように，（5　　　　）のための（4　　　　）をつけ加えて送る。受信側では，1である（4　　　　）の個数が偶数のとき誤り（6　　　　），奇数のとき誤り（7　　　　）と判定する。

> **語群**
> あり　　なし　　検査　　ビット　　伝送　　誤り検出
> パリティチェック

5 次の文はデータ伝送の方式を説明している。関係のある用語を下の語群から選び，（　　）の中に記入せよ。

(1) つねに双方向通信ができる　　　　　　（1　　　　　　　）

(2) 一方にだけ通信できる　　　　　　　　（2　　　　　　　）

(3) 交互に通信できる　　　　　　　　　　（3　　　　　　　）

> **語群**
> 半二重伝送　　全二重伝送　　単方向伝送　　直列伝送

6 図2のパケット交換方式の図を参考にして，次の文の（　　）の中に適切な用語を記入せよ。　　　　　　　　　　🔁 パケット：小包という意味。

送信データは，交換機に内蔵しているメモリに一時たくわえ，（1　　　　　）という単位に分解する。（1　　　　　）にあて先をつけて，（2　　　　）回線のあいているときに（3　　　　）する機能をもたせた交換方式を（4　　　　　　）方式という。

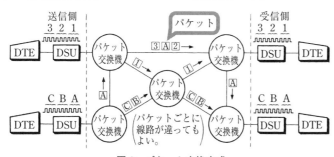

図2　パケット交換方式

7 次の文章は，光通信について述べたものである。文中の（　）の中に適切な用語を記入せよ。

　　光通信は，(^{1}　　　　)信号を(^{2}　　　　)信号に変換したあと，光(^{3}　　　　　　　　)を介して信号を送信する方式である。受信側では，(^{2}　　　　)信号を(^{1}　　　　)信号に逆変換する処理を行う。

8 無線 LAN 規格である IEEE802.11ac（Wi-Fi 5）を用いてデータを送信するさいに，使用される無線周波数帯[Hz]と最大伝送速度[bps]はいくらか。

9 Bluetooth 2.1/3.0 と 4.x/5.x で送信するデータは，おのおの何かを答えよ。

10 次の各問いに答えよ。

(1) プロトコルとは何か。

（　　　　　　　　　　　　　　　　　　　　　　　　　）

⊙ プロトコル：通信規約のこと。

(2) インターネットとは何か。

（　　　　　　　　　　　　　　　　　　　　　　　　　）

(3) サーバとクライアントの関係を説明せよ。

（　　　　　　　　　　　　　　　　　　　　　　　　　）

(4) WWW とは何か。

（　　　　　　　　　　　　　　　　　　　　　　　　　）

⊙ 世界中に張りめぐらされたくもの巣の意味。

11 次の文は電子メールについて述べたものである。（　）の中に適切な用語を記入せよ。

(1) 電子メールの送受信には住所と(^{1}　　　)に相当する(^{2}　　　)を利用するが，これを(^{3}　　　　)という。(^{3}　　　　)は「固有名 + @ + (^{4}　　　　)」で構成され，電子メールの送信には(^{5}　　　)，受信には(^{6}　　　)や IMAP とよばれるプロトコルが，よく使われている。

⊙ 電子メールは E メールともいう。

(2) 電子メールは(^{7}　　　　　)に蓄積されるため，送信者と(^{8}　　　)が(^{9}　　　)に接続される必要はなく，(^{8}　　　)が必要なときに(^{10}　　)の電子メールを受け取ることができる。

12 テザリングを用いることの利点を答えよ。

4　画像通信 （教科書 p. 175～191）

1　次の文章の（　　）の中に適切な用語を下の語群から選び，記入せよ。

(1)　文字や(^{1}　　　　)画像を電気信号に変換し，(^{2}　　　　　)を使って送る通信機器を(^{3}　　　　　)という。

> ☞ 画像には，静止画像と動画像がある。TV では映像という用語を用いる。

(2)　送信側では，送信原稿を(^{4}　　　)から一定速度で細かい区画に(^{5}　　　)していく。この細かい区画の一つを(^{6}　　　)という。

(3)　画像を一定の順序で(^{5}　　　)したり，組み立てたりする動作を(^{7}　　　)という。

(4)　画像を構成する(^{6}　　　)の連続した並びがある幅をもった線とみなされるため，この線を(^{8}　　　)という。

(5)　走査を送信側と(^{9}　　　)で一致させることを(^{10}　　　　　)といい，一致しないことを(^{11}　　　　　　)という。

> ☞ 同期をとるという機能は TV でも重要である。

```
┌─ 語群 ──────────────────────────────┐
│ 通信網    静止    動    送電線    ファクシミリ    右端 │
│ 左端    同期    分解    素子    画素    伝送    走査  │
│ 受信    副走査    同期をとる    同期がずれる    走査線 │
│ 受信側                                      │
└──────────────────────────────────┘
```

2　次の各問いに答えよ。

(1)　ファクシミリの主走査に用いるセンサは何か。

（　　　　　　　　　　　　　　　　　　　）

(2)　ファクシミリの送信走査方式を二つあげよ。

（　　　　　　　　）（　　　　　　　　　　）

(3)　ランレングスとはどのようなものか。

（　　　　　　　　　　　　　　　　　　　）

(4)　ランレングス符号化を行うことで送信するデータ量が削減できる理由を述べよ。

（　　　　　　　　　　　　　　　　　　　）

(5)　受信側で，送られてきた画信号を記録方式に応じた信号にすることを何というか。

（　　　　　　　　　　　）

3　次の文章は，テレビジョンの走査について述べたものである。下の語群から適切な用語を選び，文中の（　）の中に記入せよ。

(1)　テレビジョンにおける左右方向の走査を(¹　　　　　)といい，上下方向の走査を(²　　　　　)という。

(2)　走査された1画面(1こま)を(³　　　　　)，走査によって生じる左右方向の線を(⁴　　　　　)という。

(3)　送信側で分解された画面を受信側で同じ順序で組み立てるとき，両者の走査を一致させることを(⁵　　　　　)という。

語群

垂直走査	水平走査	鉛直走査	フィールド
フレーム	走査直線	走査線	同期をとる

4　テレビジョンの原理に関する次の各問いに答えよ。

(1)　水平走査は左から，垂直走査は上からはじまり，各走査は1回ごとにもとに戻る。戻るときに生じる線のことを何というか。
（　　　　　　　　　　　）

↩ 左上からはじまるので右下から左上に戻る線のことである。

(2)　1回目の垂直走査で奇数番目の水平走査を行い，2回目の垂直走査で偶数番目の水平走査を行うことを何というか。
（　　　　　　　　　　　）

(3)　アスペクト比とは何か。（　　　　　　　　　　　　　　　）

5　次の文章は，テレビジョン放送について述べたものである。文中の（　）の中に適切な用語を記入せよ。

(1)　地上波を用いる放送を(¹　　　　　)という。
(¹　　　　　)によるディジタルテレビジョン放送である
(²　　　　　　　　　　)では，(³　　　　　　)，
(⁴　　　　　)，(⁵　　　　　)，(⁶　　　　　)，
マルチ編成など多様なサービスが可能である。

(2)　放送衛星(BS)を経由して視聴する放送を
(⁷　　　　　　　　　　　　　　　)という。受信側では
(⁸　　　　　)アンテナを使って電波を受信する。

(3)　同軸ケーブルや光ファイバケーブルを用いて視聴する放送を
(⁹　　　　　　　　　　　)という。この方式は加入者にケーブルで放送しているので(¹⁰　　　　　)の影響を受けにくく，安定したサービスが可能である。

6　次の文章は，テレビジョン信号の送信と受信について述べたものである。文中の(　)の中に適切な用語または数値を記入せよ。

　地上ディジタルテレビジョン放送では，複数の搬送波を用いて(1　　)に信号を送信する方式が用いられている。この方式によって(2　　)に強く，移動体での受信も可能となる。また，周波数はUHF帯のうちの(3　　)MHz〜(4　　)MHzの周波数帯の電波が搬送波として用いられている。一つのチャネルの帯域幅は(5　　)Hzでこれを(6　　)とよばれる(7　　)の帯域に分割している。(8　　)域のセグメントは放送には利用しないガードバンド用帯域としている。

7　図1は，地上ディジタルテレビジョン放送の送信の概要である。図中の(　)に当てはまる回路名を，図の下の解答欄に記入せよ。

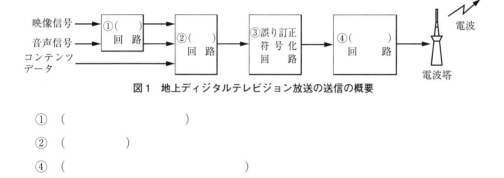

図1　地上ディジタルテレビジョン放送の送信の概要

①　(　　　　　　　　　)
②　(　　　　　)
④　(　　　　　　　　　)

8　テレビジョン信号の送受信に，誤り訂正符号化回路が必要な理由を述べよ。

9　図2は，地上ディジタルテレビジョン放送の受信の概要である。図中の(　)に当てはまる回路名を，図の下の解答欄に記入せよ。

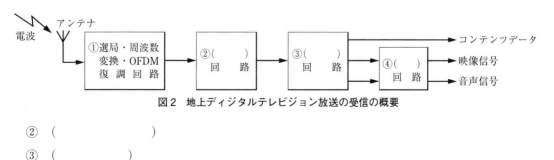

図2　地上ディジタルテレビジョン放送の受信の概要

②　(　　　　　　　)
③　(　　　　　)
④　(　　　　　)

5 通信関係法規 （教科書 p. 192~196）

1 次の各問いに答えよ。

(1) 有線による通信設備すべてに適用される法律を何というか。

（　　　　　　　　　　　）

(2) この法律の目的を答えよ。

(3) 原則として誰に届出が必要か。（　　　　　　　　　）

2 電波法について，次の各問いに答えよ。

(1) 電波法の目的を答えよ。

(2) 無線局を開設するには誰の免許が必要か。（　　　　　　　）

(3) 無線従事者に関して，おもに規定しているものは何と何か。

（　　　　　）と（　　　　　）

3 電気通信事業法について答えよ。

(1) この法律の目的を答えよ。

(2) 電気通信事業者は誰に届出が必要か。（　　　　　　　）

(3) 事業用電気通信設備の工事，維持および運用に関する事項を監督
させるために選任する者を何というか。（　　　　　　　　）

(4) 工事担任者の行う工事とは，何を何に接続することか。

（　　　　　　　　　　　　　　）

(5) この法律で定められた事項を具体的に示したものを二つ答えよ。

（　　　　　　　　　）（　　　　　　　　　）

4 放送法の目的を答えよ。

5 次の①~③にあげる省令を何というか。下の解答欄に記入せよ。

① 語句の定義など，電波法の規定を施行するために必要な事項に
ついて定めている。

② 電波の周波数偏移や占有周波数帯幅の許容値などのような無線
設備が備えなければならない条件を数値で示している。

③ 無線通信を行うときの具体的な方法について規定している。

①（　　　　　　　）規則　②（　　　　　　　）規則　③（　　　　　　　）規則

章 末 問 題 4

1　次の文章は，光通信における光信号の送受信について述べたものである。下の語群から適切な用語を選び，文中の（　　）の中に記入せよ。

(1)　光を電気信号で変調し送信するには，(^{1}　　　　　　　)に電気信号を加える。こうすることにより，発光と変調を同時に行えることから，これを(^{2}　　)変調という。

(2)　(^{2}　　)変調された光は，その(^{3}　　)が信号とともに変化する(^{3}　　)変調された光信号となる。

(3)　光信号を受信し，もとの電気信号に戻すには，光信号をレンズで集光し，(^{4}　　　　　　　　)に加える。

```
―― 語群 ――
レーザダイオード　　フォトカプラ　　フォトインタラプタ
アバランシェフォトダイオード　　間接　　直接　　周期
強度
```

2　無線受信機について，次の各問いに答えよ。

(1)　受信電波 990 kHz，中間周波数 455 kHz のとき，局部発振周波数 f_l[kHz]と影像周波数 f_u[kHz]を求めよ。

(2)　自動利得制御回路を記号では（　　　）回路と表す。　　　● automatic gain control

3　光通信の特徴を答えよ。

4　イーサーネットの 10 BASE-T と 100 BASE-TX の規格における最大伝送速度[bps]と最大伝送距離[m]は，それぞれいくらか。

5　LAN を構成するネットワークの型を三つあげよ。
（　　　　）（　　　　　）（　　　　　）

6　無線 LAN の通信モードを二つあげよ。
（　　　　　　　　）（　　　　　　　　　）

7 次の文章は，IoT について述べたものである。下の語群から適切な用語を選び，文中の( )の中に記入せよ。

IoT は，(^{1})の(^{2})と訳される。IoT のしくみは，(^{1})どうしが(^{2})を介して(^{3})に接続し，たがいに(^{4})することによりなりたっている。これにより，価値の(^{5})さまざまな(^{6})を(^{7})に提供可能となる。

---- 語群 ----
データ	プロバイダ	低い	サーバ	モノ
使用者	通信	インターネット	高い	サービス

8 次のディジタルテレビジョン放送に関する問いにおいて，下の語群から適切な用語または数値を選び，文中の( )の中に記入せよ。

(1) ディジタルテレビジョンの放送形態としては，どのようなものがあるか。放送形態として3種類あげよ。

( )
( )
( )

(2) 衛星ディジタルテレビジョン放送用の放送衛星(BS)から放射される電波は，受信パラボラアンテナでは(^{1})GHz の周波数に変換される。その信号を変換するものを(^{2})という。

$\circlearrowright$ BS パラボラアンテナで受ける電波である。

(3) 衛星ディジタルテレビジョン放送の特徴をあげよ。

( )

(4) ディジタル CATV 放送の特徴を三つあげよ。

( )
( )
( )

---- 語群 ----
地上ディジタルテレビジョン放送　　衛星ディジタルテレビジョン放送
BS パラボラ放送　　ディジタル CATV 放送　　1　　10　　BS コンバータ
ゴーストがある　　強い雨でも信号の劣化がない　　強い雨で信号の劣化がある
ノイズの影響を受けにくい　　ノイズの影響を受けやすい　　安定で高品質
高機能のサービスが可能　　高機能のサービスは不可能

9   次の文章は，動画像信号の圧縮を行うさいに，離散コサイン変換（DCT）と量子化が用いられる理由について述べたものである。下の語群から適切な用語を選び，文中の（　　）の中に記入せよ。

　人間の視覚は，画像の高周波成分に対しては（^{1}　　　），低周波成分に対して（^{2}　　　）である。離散コサイン変換により，画像を周波数成分の大きさに変換したあと，高周波成分を低周波成分よりも（^{3}　　　）量子化しても，人間の目には画像の劣化がわかりにくい。これにより，（^{4}　　　）を削減することができる。

語群

敏感　　鈍く　　細かく　　粗く　　データ量　　周波数

---

10   図1は，動き補償によるフレーム予測を表す図である。下の語群から適切な用語を選び，図中の（　）の中に記入せよ。

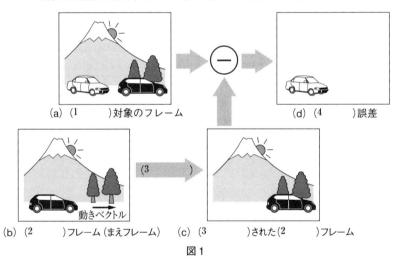

(a)（^{1}　　　）対象のフレーム　　　　　　　　(d)（^{4}　　　）誤差

(b)（^{2}　　　）フレーム（まえフレーム）　　(c)（^{3}　　　）された（^{2}　　　）フレーム

図1

語群

参照　　P　　動き補償　　B　　予測　　I　　圧縮

---

11   フレーム間予測法について簡単に説明せよ。

12 GOP とは三つのフレームのまとまりをいう。それぞれ何フレームか答えよ。

　　（　　　）フレーム　　（　　　）フレーム　　（　　　）フレーム

13 I フレーム，P フレーム，B フレームの圧縮される順序を答えよ。

14 「政令」と「省令」は，どこで誰が定めたものか。

　　政令：（　　　　　　　）　　省令：（　　　　　　　）

15 有線電気通信法の通信設備の技術基準原則2項目を答えよ。

　　（　　　　　　　　　　　　　　　　　　　　　　）
　　（　　　　　　　　　　　　　　　　　　　　　　）

16 工事担任者の資格を（　　）の中に記入せよ。

資格者証の種類		工事の範囲
(1　　　)通信		アナログ伝送路設備またはディジタル伝送路設備に端末設備等を接続するための工事。
(2　　　)通信	(3　　　)級	アナログ伝送路設備に端末設備等を接続するための工事および総合ディジタル通信用設備に端末設備等を接続するための工事。
	(4　　　)級	アナログ伝送路設備に端末設備を接続するための工事（端末設備に収容される電気通信回線の数が1のものに限る）および総合ディジタル通信用設備に端末設備を接続するための工事（総合ディジタル通信回線の数が基本インタフェースで1のものに限る）。
(5　　　)通信	(6　　　)級	ディジタル伝送路設備に端末設備等を接続するための工事。ただし，総合ディジタル通信用設備に端末設備等を接続するための工事を除く。
	(7　　　)級	ディジタル伝送路設備に端末設備等を接続するための工事（接続点におけるディジタル信号の入出力速度が毎秒1Gbit 以下であって，主としてインターネットに接続するための回線にかかわるものに限る）。ただし，総合ディジタル通信用設備に端末設備等を接続するための工事を除く。

17 コンピュータにかかわる犯罪の防止に関する法律を何というか。

　　（　　　　　　　　　　　　　　　　　　　　　　）

第5章　音響・映像機器の基礎

1　音響機器　(教科書 p. 202～219)

1　次の文章は，音波の性質について述べたものである。下の語群から適切な用語を選び，文中の（　）の中に記入せよ。

音波は大気圧が変動し，空気の薄い部分（¹　　　）と濃い部分　⟵　密か疎か。

（²　　　）ができて伝わる波動で，この波動を（³　　　）波という。また，音波は空気の粒子の振動方向が音波の（⁴　　　）方向と一致する（⁵　　　）波である。

空気のように音を伝えるものを（⁶　　　）という。空気だけでなく，（⁷　　　）や（⁸　　　）なども音を伝える（⁶　　　）である。　⟵　7, 8は順番を問わない。

（⁹　　　）の場合は，媒質がないので音は伝わらない。

```
―― 語群 ――
（密）　　（疎）　　波形　　密疎　　疎密　　進行　　上昇
横　　　縦　　　媒液　　媒質　　水　　　真空　　金属
```

2　次の各問いに答えよ。

(1)　大気圧（1気圧のこと）の大きさは，およそ何キロパスカルか。また，何ヘクトパスカルか。

大気圧（¹　　　）[kPa] ＝（²　　　）[hPa]　⟵　h（ヘクト）＝ 10^2

(2)　1000 Hz の音波において，人が聞きとることができる最低可聴音圧[Pa]は，（³　　　）[Pa]である。

(3)　音圧の大きさを音圧レベル（SPL）といい，求める音圧を P [Pa]とすると，SPL は次の式で表される。

$$SPL = 20 \log_{10} \frac{(^4 \qquad\qquad)}{(^5 \qquad\qquad)}$$

SPL の単位は（⁶　　　）[dB]が用いられる。

3　次の各問いに答えよ。

(1)　雷光が見えてから3.5秒後に雷鳴が聞こえた。雷の発生場所は，この地点より何km先か。ただし，大気温度は24℃とする。　⟵　音速を v [m/s]とすると，$v = 331.5 + 0.6T$

(2)　振動数を2 kHzとするとき，この音波の波長 λ [cm]を求めよ。ただし，この音波は14℃の空気中を伝わるものとする。　⟵　波長 λ [m]は $\lambda = \dfrac{v}{f}$ で求められる。

4 次の文章は，聴覚の性質について述べたものである。下の語群から適切な用語または数値を選び，文中の（　　）の中に記入せよ。ただし，同じ用語を重複して選んでもよい。

(1) 音波は(^{1}　　)の振動という(^{2}　　)的な現象であるが，音という場合には，人間の(^{3}　　)でとらえた(^{4}　　)量である。

(2) 可聴周波数は個人差もあるが(^{5}　　)Hz〜 (^{6}　　)kHz の範囲である。　　　　　☞ 単位に注意すること。

(3) 音の強さの最小値を(^{7}　　)，最大値を(^{8}　　)という。

(4) 人の耳に感じる音は，(^{9}　　)レベルが同じであっても，(^{10}　　)によって音量感に違いが出る。

> **語群**
> 音　音圧　化学　物理　耳　感情　感覚
> 感動　10　20　100　超音　最小域値
> 最小可聴値　周波数　最大域値　最大可聴値

5 図1について，次の各問いに答えよ。

(1) 音圧レベルが 10 dB の音波が最小可聴値 0 ホンの音の大きさで聞こえる最も低い周波数を求めよ。　☞ ホンは人の耳に感じる音圧の単位。

(2) 音圧レベル 40 dB の音波が 20 ホンの大きさで聴こえる最も低い周波数を求めよ。

(3) 音圧が 0.002 Pa の音圧レベルはいくらか。　☞ 図1の縦軸から求める。

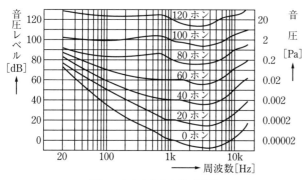

図1　音の大きさの等感曲線

6 次の文章は，マイクロホンについて述べたものである。下の語群から適切な用語または数値を選び，文中の（　　）の中に記入せよ。ただし，同じ用語を重複して選んでもよい。

(1) 音声信号を電気信号に変換する機器を(^{1}　　　　　　)という。

(2) マイクロホンの種類は，変換の原理から，(^{2}　　　　　　)形，(^{3}　　　　　　)形，(^{4}　　　)形などに分けられる。

(3) (^{5}　　　　　　)マイクロホンは，可動コイルを磁界中に置き，可動コイルが(^{6}　　　)によって振動すると，コイル中に起電力が発生するという原理によっている。

⬅ 電磁誘導作用による。

(4) コンデンサマイクロホンは，一方が導電性の振動板，他方が固定電極で(^{7}　　　)を形成した構造である。

(5) コンデンサマイクロホンは，(^{8}　　　)V〜(^{9}　　　)V の電圧を必要とする。

⬅ この電圧をバイアス電圧という。バイアス電圧を必要としないものをエレクトレットコンデンサマイクロホンという。

```
―― 語群 ――
スピーカ    マイクロホン    ダイナミック    コイル
コンデンサ    リボン    セラミックス    音    音波
数十    200    300    4000
```

7 次の文章は，マイクロホンについて述べたものである。文中の（　　）の中に適切な用語または式を記入せよ。

(1) マイクロホンの性能を表すものとして，(^{1}　　　)特性と，(^{2}　　　)がある。(^{1}　　　)特性は，(^{3}　　　)軸を周波数，(^{4}　　　)軸を電圧感度として表す。

(2) マイクロホンに一定の(^{5}　　　)P[Pa]を加えたとき，マイクロホンの(^{6}　　　)端子に発生する電圧の大きさを V[V]とすると，マイクロホンの感度は，$\left(^7\right.$　　　$\left.\right)$[V/Pa]となる。また，マイクロホンに 0.1 Pa の音圧を加えたとき，発生する出力電圧が 1 V になる(^{8}　　　)を基準にすると，実際のマイクロホンの(^{8}　　　)S_V[dB]は次の式で表せる。

$$S_V = 20 \log_{10} \frac{(^9\qquad)}{(^{10}\qquad)}$$

8 0.4 Pa の音圧をマイクロホンに加えると，40 mV の出力電圧が発生した。マイクロホンの電圧感度 S_V[dB]を求めよ。

9　次の文章は，スピーカについて述べたものである。下の語群から適切な用語を選び，文中の(　)の中に記入せよ。

(1)　電気信号を空気振動に変換する機器を(^{1}　　　)という。

(2)　ダイナミックスピーカには，振動板に(^{2}　　　)紙を用いたコーンスピーカや発生した音を(^{3}　　　)の中を通して放出するホーンスピーカがある。

⊙　コーンは円すい形，ホーンは角笛の意味である。

(3)　ダイナミックコーンスピーカのコーンは，(^{4}　　　)形のものが多い。

(4)　ダイナミックホーンスピーカは，(^{5}　　　)が高いため，(^{6}　　　)でよく使われる。

語群

マイクロホン　　スピーカ　　ホーン　　コーン

永久磁石　　三角　　円すい　　四角　　だ円　　屋内

屋外　　能率

10　スピーカに関する次の各問いに答えよ。

(1)　スピーカに W [W]の電力を加えたとき，音圧 P [Pa]が発生した。このスピーカの電力感度 S_P [dB]は，次の式で表される。(　)の中に W または P を使った式を入れよ。

$$S_P = 20 \log_{10} \frac{(^1\qquad)}{(^2\qquad)}$$

(2)　スピーカに 0.25 W の音声電力を加えたとき，スピーカの音圧が 1 Pa であった。このとき，スピーカの電力感度 S_P [dB]を求めよ。

⊙　$\log_{10}2 = 0.301$

11　次の文章はバフル板について述べたものである。文中の(　)の中に適切な用語を記入せよ。

単体のスピーカは低い周波数の入力に対し，コーンが大きく(^{1}　　　)しても(^{2}　　　)になりにくい。これは，コーン周辺の(^{3}　　　)圧がコーンの前後にまわり込み，(^{4}　　　)が弱められてしまうからである。そこで大きな(^{5}　　　)をスピーカに取りつけ，空気圧のまわり込みを防ぐ。この板のことを(^{6}　　　)という。

⊙　バフル(baffle)は，じゃまをするという意味で，空気圧のまわり込みをじゃまするものである。

2 映像機器 （教科書 p. 220〜236）

1 次の文章は光の性質について述べたものである。（　　）に適切な
用語または数値を記入せよ。

(1) 電磁波の中で，人間の目に光としてとらえることのできるもの
を(1　　　　　)という。(1　　　　　　)の波長範囲は
約(2　　　)〜(3　　　)nm でその両端はそれぞれ(4　　　)
線および(5　　)線に接している。

(2) 白黒写真のように，黒，灰色，白でできている色をもたないも
のを(6　　)色という。また，色をもつものを(7　　)色と
いう。色の属性にはそれぞれ(8　　)，(9　　)，
(10　　)がある。

2 光の三原色を書きなさい。

（　　　　），（　　　　），（　　　　）

3 図1に示すディジタルカメラの構成図において，図中の（　）の
中に適切な名称を下の語群から選び，記入せよ。

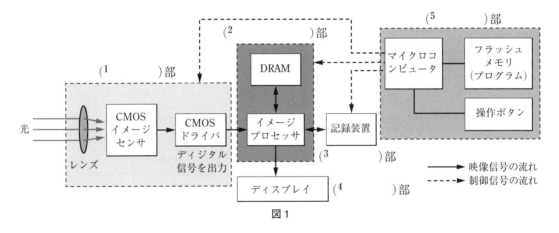

図1

語群
表示　　画像信号処理　　撮影　　制御　　記録
---

4 ディジタルカメラの撮影部で，各色に10ビットずつ割り当てた
場合に表現できる色の数は何百万色か。

5　ディジタルカメラに使われている主要なイメージセンサを二つ答えよ。

6　UHDTV 2160 p の画素数を求めよ。ただし，走査線は有効走査線を考える。

7　CD，DVD，BD メディアの片面1層の記録容量を書きなさい。
CD……（　　　　　）　　　DVD……（　　　　　）
BD……（　　　　　）

8　図2に示す光メディアの構造において，図中の（　）の中に適切な名称を下の語群から選び，記入せよ。

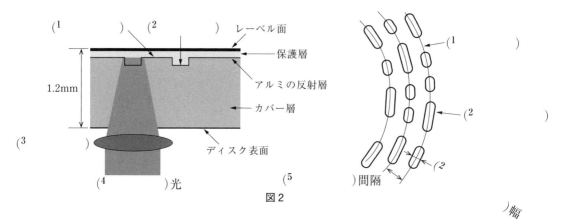

図2

```
―― 語群 ――――――――――――――――――――――――
  レーザ　　トラック　　ピット　　ランド　　レンズ
```

9　次の BD の種類の記録形式と特徴（書換えについて）を答えよ。

種類	記録形式	特徴
BD-ROM	①	④
BD-R	②	⑤
BD-RE	③	⑥

10　タッチパネルの代表的な方式の名称を4種類答えよ。

11　プリンタの代表的な印字方式の名称を二つ答えよ。

章 末 問 題 5

1 次の文章は，音響について述べたものである。下の語群から適切
な用語を選び，文中の（　）の中に記入せよ。

(1) 音波は，空気の振動方向が音波の進行方向と一致する(^{1}　　)
波である。

(2) 音圧の単位には(^{2}　　　)が用いられる。

(3) 音声信号を電気信号に変換する装置を(^{3}　　　)といい，
電気信号を空気振動に変換する装置を(^{4}　　　)という。

(4) スピーカの感度は，放射される音の方向によって差がある。こ
れをスピーカの(^{5}　　)という。

(5) 高音用のスピーカを(^{6}　　)といい，中音用スピーカを
(^{7}　　)という。また，低音用スピーカを(^{8}　　)という。　　↩ 3ウェイスピーカシステム

(6) オーディオアンプは(^{9}　　)アンプと(^{10}　　)アンプで構
成されている。

> **語群**
> 横　　縦　　ニュートン　　パスカル　　スピーカ
> マイクロホン　　方向性　　指向性　　ウーファ
> スコーカ　　ツィータ　　メイン　　プリ

2 気温が20℃のとき，空気中を伝わる音波の速度[m/s]を求めよ。　↩ $v = 331.5 + 0.6T$

3 気温が14℃のとき，振動数が1000 Hzの音波の波長[m]を求めよ。　↩ $v \fallingdotseq 340$ m/s

4 一般の会話の音圧は，0.02 Pa程度である。SPL[dB]を求めよ。　↩ 音圧レベル

5 スピーカの入力側に1 Wの電力を加えたとき，スピーカの音圧
が3 Paであった。スピーカの電力感度はおよそ何dBか。　↩ $\log_{10} 3 = 0.477$

6 イヤホンの代表的な形を二つ答えよ。
（　　　　　　）イヤホン　　（　　　　　　　　）イヤホン

第6章　電子計測の基礎

1　高周波計測　（教科書 p. 240～248）

1　次の文章は，高周波計測について述べたものである。下の語群から適切な用語を選び，文中の（　　）の中に記入せよ。

(1)　導体に交流電流が流れると，アンペアの右ねじの法則によりそのまわりに(^{1}　　　)が生じる。この(^{1}　　　)は，交流電流とともに変化し，電流の(^{2}　　　)をさまたげるような(^{3}　　　)を発生させる。このとき，導体の中央部の電流ほど磁束(^{4}　　　)が大きいので，周辺部より大きな(^{3}　　　)を生じる。したがって，電流の周波数が高くなればなるほど，導体の(^{5}　　　)の部分に電流が集中し，(^{6}　　　)にいたるほど流れにくくなる。このことを(^{7}　　　)という。

↪ 起電力の向きは，レンツの法則に基づく向きである。

(2)　導体に(^{7}　　　)があると，実効上は導体の(^{8}　　　)が小さくなったことになり，その結果，導体の(^{9}　　　)が大きくなる。この抵抗を，交流の(^{10}　　　)という。

(3)　ボビンに電線を巻いて(^{11}　　　)をつくると，電線相互の間はかなり接近しているので，各電線間に(^{12}　　　)があるものと考えられる。これを(^{13}　　　)容量という。

↪ 漂遊インダクタンス，漂遊容量

```
┌─ 語群 ──────────────────────────────┐
│  電界    磁束    静電容量    漂遊    抵抗    実効抵抗   │
│  断面積    増減    コイル    鎖交数    表皮効果    中央   │
│  表皮    誘導起電力                            │
└──────────────────────────────────┘
```

2　図1は，あるコイルの高周波における等価回路である。5 MHz の交流電圧が加わったときのリアクタンス X_L [kΩ]，X_C [kΩ]を求めよ。

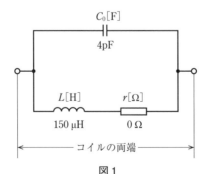

↪ $X_L = 2\pi f L$

↪ $X_C = \dfrac{1}{2\pi f C_0}$

図1

3 次の文章は，電子電圧計について述べたものである。図2，図3を参考にして，下の語群から適切な用語を選び，（　　）の中に記入せよ。

(1) 高周波の電圧計には，(1　　　　)特性がよいこと，(2　　　　)であること，計器の入力(3　　　　)が高いことなどの性能が必要で，これらの条件を満たすものに(4　　　)電圧計がある。(4　　　)電圧計には，(5　　　)形と(6　　　)形がある。

(2) (5　　　)形は，高周波においてリード線の(7　　)インダクタンスと(7　　)容量などにより，誤差が生じる。そこでリード線の先端に(8　　)回路を入れた(9　　　　)を取りつけて高周波電圧を測定する。

(3) (6　　　)形は，高周波電圧を(10　　)増幅器で増幅し，(8　　)回路で(11　　)した電圧を
(12　　　　　)計器で指示させるものである。

```
── 語群 ──
電子    漂遊    広帯域    インピーダンス    高感度
検波増幅    増幅検波    検波    整流    プローブ
交流    永久磁石可動コイル形    可動鉄片形    高周波
```

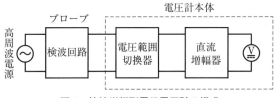

図2　検波増幅形電子電圧計の構成

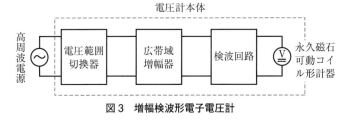

図3　増幅検波形電子電圧計

4 増幅検波形電子電圧計の測定周波数範囲は，どの程度か。

（　　　）Hz〜（　　　）MHz

5 高周波インピーダンスを測定する測定器を2種類あげよ。

（　　　　　　　　　　　　　　　　　　　　　　）

（　　　　　　　　　　　　　　　　　　　　　　）

2　電子計測器 （教科書 p. 249〜252）

1 次の文章はディジタルマルチメータについて述べたものである。
文中の（　　）の中に適切な用語を記入せよ。

　　ディジタル計器を用いて，直流の（¹　　　　）・（²　　　　），交流
の（¹　　　　）・（²　　　　）および（³　　　　）などを1台の測定器で
（⁴　　　　）できるようにしたものであり，アナログ式テスタに比べ
て，入力インピーダンスが（⁵　　　　），被測定回路から電流がほと
んど流れ込まないため，（⁶　　　　）の高い測定ができる。

2 図1は，ディジタル周波数計の構成図である。図の（　　）に適切
な用語を下の語群の中から選び，記号で記入せよ。

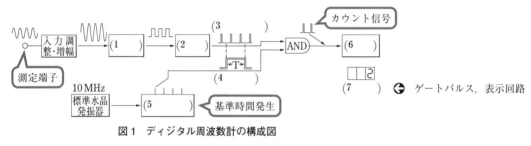

図1　ディジタル周波数計の構成図

```
┌─ 語群 ──────────────────────────────────────┐
│ a. ゲートパルス　b. カウンタ回路　c. 分周回路       │
│ d. 微分回路　e. クリアパルス　f. 波形整形回路       │
│ g. ラッチパルス　h. 表示回路　i. 測定パルス         │
└─────────────────────────────────────────────┘
```

3 図2は，ディジタルオシロスコープの基本構成図である。図の
（　　）の中に適切な用語を下の語群の中から選び，記号で記入せよ。

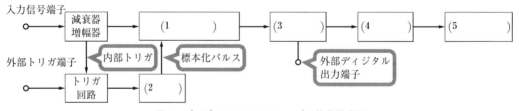

図2　ディジタルオシロスコープの基本構成図

❸ 5は波形表示装置である。

```
┌─ 語群 ──────────────────────────────────────┐
│ a. 液晶ディスプレイ　b. クロック回路　c. A-D変換器   │
│ d. D-A変換器　e. メモリ演算器                       │
└─────────────────────────────────────────────┘
```

3 センサによる計測 (教科書 p. 253～259)

1 次の文章は，センサについて述べたものである。下の語群から適切な用語を選び，文中の（　）の中に記入せよ。

(1) 物体の有無や，(^{1}　　　）・(^{2}　　　）・(^{3}　　　）・(^{4}　　　）・(^{5}　　　）などの物理量や(^{6}　　　）を検出し，(^{7}　　　）信号に変換する素子をセンサという。

(2) 一般に，センサによって得られるのは，(^{8}　　　）な電気信号であり，その信号を増幅・調整して出力する(^{9}　　　　　　）を一体化したセンサもある。

```
―― 語群 ――
微小    ガス量    化学量    放射能    アクチュエータ
ガス    熱    温度差    電気    水質    磁気    金属
加速度    信号処理回路    角速度    温度    位置
```

2 次の文章は，位置センサについて述べたものである。文中の（　）の中に適切な用語を記入せよ。

(1) 物体の回転角度や移動量を検出するセンサを(^{1}　　　　　）という。その内部には，抵抗体と(^{2}　　　）が設けられており，(^{2}　　　）の位置による(^{3}　　　）の変化によって，回転角を検出する。

(2) (^{4}　　　　　　）は，物体の有無を検出する接触形の物体検出センサである。

3 光電式回転計に使用されているフォトインタラプタには，何形と何形があるかあげよ。

（　　　）形　（　　　）形

4 次の文章は，磁気センサについて述べたものである。文中の（　）の中に適切な用語を記入せよ。

(1) 磁気センサとしては，GaAs，(^{1}　　　）などの半導体を用いた(^{2}　　　）素子とよばれるものがよく使われている。

(2) (^{3}　　　）メータは，(^{2}　　　）素子を用いて磁束密度を測定する装置である。

5　次の文章は，温度センサについて述べたものである。下の語群
　から適切な用語を選び，文中の（　　　）の中に記入せよ。

　　温度センサには，温度による(1　　　　　)の変化を利用する

　(2　　　　　　　)や，温度差によって発生する(3　　　　)を利用する

　(4　　　　)温度センサなどがある。

> ── 語群 ─────────────────────────
>
> 　サーミスタ　　ペルチエ素子　　膨張率　　抵抗値
>
> 　起電力　　電流　　熱電対

6　次の文章は，ガスセンサについて述べたものである。下の語群か
　ら適切な用語を選び，文中の（　　　）の中に記入せよ。

　　ガスセンサとしては，(1　　　　)ガスセンサがよく用いられ，表
　面にガスが吸着すると(1　　　　)の(2　　　　　)が変化することを
　利用して，ガスを検出する。ガスの吸着・脱着を早めるために，基
　板上に(3　　　　)があり，感度や応答速度を向上させている。

> ── 語群 ─────────────────────────
>
> 　磁力　　ファン　　ヒータ　　半導体　　セラミクス
>
> 　電気抵抗　　金属

章 末 問 題 6

1　光電式回転計のスリット数が 200 の円板から 10 秒間で 2500 カウントのパルスが発生した。この円板の回転速度 n [min^{-1}] を求めよ。　🢒 $n = \dfrac{60N_1}{N_0}$

2　20 mA の定電流が流れているホール素子に 0.2 T の磁束密度を加えたとき、ホール電圧 120 mV が発生した。同じホール素子にホール電圧 1000 mV が発生したときの磁束密度 B [T] を求めよ。　🢒 $V_H = R_H IB$

3　図 1 は、E 熱電対・K 熱電対・R 熱電対の温度–起電力特性である。次の各問いに答えよ。

(1)　炉の温度を E 熱電対で測定したとき、60 mV であった。炉の温度 [℃] はおよそいくらか。

(2)　このときの炉の温度を K 熱電対を使用して測定した。電圧計の指示値はおよそ何 [mV] か。　🢒 同一の炉の温度である。

(3)　K 熱電対の基準接点が 0 ℃、測温接点が 600 ℃ であった。このときの熱起電力はおよそ何 [mV] か。

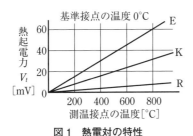

図 1　熱電対の特性

4　ある金属線ひずみゲージに圧力を加えた。このときの抵抗値の変化分 ΔR [Ω] を求めよ。ただし、$R = 60\ \Omega$、$\varepsilon = 50 \times 10^{-5}$、$K = 2$ とする。　🢒 $\dfrac{\Delta R}{R} = K\varepsilon$

[（工業 744）電子技術］準拠

電子技術　演習ノート

表紙デザイン
キトミズデザイン

● 編　者──実教出版編修部

● 発行者──小田良次

● 印刷所──亜細亜印刷株式会社

● 発行所─実教出版株式会社

〒102-8377
東京都千代田区五番町 5
電話〈営業〉（03）3238-7777
　　〈編修〉（03）3238-7854
　　〈総務〉（03）3238-7700
https://www.jikkyo.co.jp/

002402023

ISBN　978-4-407-35700-4

電子技術 演習ノート

実教出版

解 答 編

第 1 章　半導体素子

1　原子と電子　(p. 3)

1 1 原子核　2 電子　3 1.6×10^{-19}
4 正　5 中性

2 1 価電子　2 自由電子　3 共有結合
4 正孔　5 負　6 正

2　半導体　(p. 4)

1 1 導体　2 ゲルマニウム　3 増加
4 減少　5 真性半導体
6 99.999 999 999 9

2 1 As　2 B　3 多数　4 少数　5 n形
6 p形　7 ドナー　8 アクセプタ

3　ダイオード　(p. 5)

1 1 一方向　2 pn　3 pn接合
4 アノード　5 カソード

2 (A) ——▷|—— (K)

3 1 空乏層　2 順電圧　3 順電流
4 逆電圧　5 逆電流　6 整流回路
7 降伏

4 1 電流　2 電圧　3 最大定格

5 1 降伏現象　2.3 定電圧，ツェナー
4.5 可変容量，バラクタ　6 $C = \dfrac{\varepsilon A}{d}$

4　トランジスタ　(p. 7)

1 1 バイポーラ　2 ユニポーラ

2 npn形　　pnp形　　(注)外囲器を表す場合は，図記号を円で囲む。

3 1 I_E　2 I_C

4 $h_{FE} = \dfrac{I_C}{I_B} = \dfrac{12}{0.1} = 120$

5 1 オフ　2 オン　3 スイッチング

5　電界効果トランジスタ(FET)　(p. 8)

1 1 電圧　2 MOS
3.4.5 ソース，ゲート，ドレーン

2 (nチャネル)　　(pチャネル)

3

	デプレション形		エンハンスメント形	
	nチャネル	pチャネル	nチャネル	pチャネル

4 1 金属　2 酸化物　3 半導体

5 1 電子　2 nチャネル　3 流れにくくなる
4 電子　5 nチャネル　6 正と負　7 正

6　集積回路(IC)　(p. 10)

1 1 軽量化　2 小さく　3 部品点数
4.5 構造，外形

2 1 バイポーラ　2 MOS　3 SIP
4 DIP　5 SOP　6 QFP　7 ディジタル
8 CPU　9 アナログ　10.11 電圧，電流
12 オペアンプ

7　発光素子と受光素子　(p. 11)

1 1 LED　2 発光素子　3 LD　4 書き込み
5 APD　6 受光素子　7 受光素子
8 フォトカプラ　9 ノイズ
10 フォトインタラプタ

章末問題　1　(p. 12)

1 1 pn接合　2 0.6　3 バイ　4 ユニ
5 オン　6 オフ

2 1 電子　2 正孔　3 ドナー　4 多数
5 少数　6 アクセプタ

3 1 A　2 K　3 B　4 C　5 E　6 B
7 C　8 E　9 G　10 D　11 S
12 npn　13 pnp　14 エンハンスメント
15 p

4 $\dfrac{I_C}{I_B} = \dfrac{60 \times 10^{-3}}{0.4 \times 10^{-3}} = 150$

5 ① － ⓔ　② － ⓐ　③ － ⓓ　④ － ⓒ
　　⑤ － ⓑ　⑥ － ⓕ

第2章　アナログ回路

1 増幅回路の基礎　(p. 14)

1 1　増幅　2　増幅回路　3　負荷
　4　20 Hz ～ 20 kHz

2 1　固定バイアス　2　バイアス電流
　3　結合コンデンサ　4　負荷抵抗
　5　$\dfrac{9}{20 \times 10^{-6}} = 450$

3 1　自己バイアス　2　増加　3　増加
　4　減少　5　減少　6　減少
　7　$\dfrac{V_{CE} - V_{BE}}{I_B}$　8　$\dfrac{4.6 - 0.6}{20 \times 10^{-6}} = 200$ kΩ
　9　$\dfrac{V_{CC} - V_{CE}}{I_C} = \dfrac{9 - 4.6}{2 \times 10^{-3}} = 2.2$ kΩ

4 1　電流帰還バイアス　2　増加　3　増加
　4　増加　5　減少　6　減少　7　減少
　8　ブリーダ　9.10　エミッタ，安定
　11　バイパス　12　交流分

5 1　固定バイアス　2　$V_{CC} - R_C I_C$
　3　$\dfrac{V_{CC}}{R_C}$　4　V_{CC}

6 1　$\dfrac{V_{CC} - V_{BE}}{I_B} = \dfrac{9 - 0}{10 \times 10^{-6}} = 900$ kΩ
　2　$\dfrac{V_{CC} - V_{CE}}{I_C} = \dfrac{9 - 5}{1 \times 10^{-3}} = 4$ kΩ

7 1　$\dfrac{\Delta I_C}{\Delta I_B}$　2　h_{fe}　3　入力インピーダンス
　4　h_{ie}　5　Ω

8 1　10^{-3}　2　10^{-6}　3　150

9 (1)　$v_i = h_{ie} i_i$　(2)　$i_o = h_{fe} i_i$
　(3)　$v_o = R_C i_o = h_{fe} i_i R_C$

10 1　増幅度　2　電圧　3　電流　4　電力
　5　$\left| \dfrac{v_o}{v_i} \right|$　6　$\left| \dfrac{i_o}{i_i} \right|$　7　$\left| \dfrac{P_o}{P_i} \right|$　8　利得　9　電圧
　10　電流　11　電力　12　dB　13　$20\log_{10} A_v$
　14　$20\log_{10} A_i$　15　$10\log_{10} A_p$

11 1　A級　2　C級　3　B級

2 FETを用いた増幅回路の基礎　(p. 20)

1 1　入力　2　ゲート（G）

2 1　$V_{DD} - R_D I_D$
　2　$\dfrac{V_{DD} - V_{DS}}{I_D} = \dfrac{10 - 4}{1 \times 10^{-3}} = 6$ kΩ

3 1　ソース接地　2　ドレーン接地
　3　ゲート接地

4 1　エンハンスメント形MOS　2　I_D　3　正
　4　大きい　5　$R_S I_D$　6　$\dfrac{R_2}{R_1 + R_2} V_{DD}$
　7　V_{GSP}

3 いろいろな増幅回路　(p. 22)

1 1　帰還　2　帰還回路　3　負帰還
　4　$A_v(v_i - v_f)$　5　負帰還　6　帰還率
　7　$\dfrac{v_f}{v_o}$

2 1　$\dfrac{A_v}{1 + A_v \beta}$　2　低下　3　周波数

3 1　オペアンプ　2　大きい　3　入力
　4　出力　5　反転入力　6　非反転入力
　7　直流　8　イマジナリショート

4 1　非反転
　2　$1 + \dfrac{R_f}{R_1} = 1 + \dfrac{100}{2} = 51$

5 1　電流 - 電圧信号変換　2　比較
　3　ボルテージホロワ　4　加算

6 1　電力　2　パワー　3　プッシュプル
　4　npn　5　pnp　6　npn　7　pnp

7 output transformer（出力変成器）のない電力
増幅回路という意味である。

8 1　100　2　300　3　同調回路
　4　同調周波数　5　帯域幅
　6　$\dfrac{V_o}{\sqrt{2}}$　7　$\dfrac{f_0}{Q}$　8　大きく　9　狭く

9 5.35 kHz

4 発振回路　(p. 27)

1 1　ハウリング　2　$A_v v_i$　3　$A_v \beta v_i$
　4.5　位相，利得

2 1　$\dfrac{1}{2\pi \sqrt{LC}}$　2　コレクタ同調

3 1　CR発振回路　2　$\dfrac{1}{2\pi \sqrt{6}\,CR}$　3　1.62

4 1 圧電　2 水晶振動子　3 0.04

4 200　5 $10^{-6} \sim 10^{-7}$　6 安定な発振

5 変調回路と復調回路　(p. 29)

1 1 搬送波　2 変調　3 変調波

4.5 復調，検波　6 振幅変調

7 周波数変調　8 振幅検波

2 ② － ⓒ　③ － ⓐ　④ － ⓑ

6 直流電源回路　(p. 30)

1 1 変圧　2 整流　3 平滑

4 電圧安定化

2 1 半波整流回路　波形はⓑ

3 1 全波整流回路　波形はⓐ

4 1 ⓒ　2 ⓓ　3 ⓐ　4 ⓑ

5 1 3端子レギュレータ　2 共通(接地)

3 直流

章末問題 2　(p. 32)

1 1 エミッタ抵抗または安定抵抗

2 バイパスコンデンサ

3 R_E の両端に現れた直流電圧を利用して安定なバイアス回路を実現すること

4 交流分を C_E を通して流すこと

5 1.2 kΩ　6 0.9 V　7 8.1 V　8 5 kΩ

2 (1) 50　(2) 100　(3) 34 dB　(4) 40 dB

(5) 37 dB

3 1 コルピッツ　2 ハートレー

3 $\dfrac{1}{2\pi\sqrt{L\dfrac{C_1 C_2}{C_1 + C_2}}}$

4 $\dfrac{1}{2\pi\sqrt{(L_1 + L_2 + 2M)C}}$

4 ③

第 3 章　ディジタル回路

1 論理回路　(p. 34)

1

① OR 回路	⑤ $\begin{smallmatrix}A\\B\end{smallmatrix}$⫯⊃⫯$F$	⑨ $F = A + B$
② NOT 回路	⑥ A—▷∘—F	⑩ $F = \overline{A}$
③ NAND 回路	⑦ $\begin{smallmatrix}A\\B\end{smallmatrix}$⊃∘—$F$	⑪ $F = \overline{A \cdot B}$
④ NOR 回路	⑧ $\begin{smallmatrix}A\\B\end{smallmatrix}$⊃∘—$F$	⑫ $F = \overline{A + B}$

2 ①排他的論理和　② $\begin{smallmatrix}A\\B\end{smallmatrix}$⫯⫯⊃—$F$

③ $F = \overline{A} \cdot B + A \cdot \overline{B}$　④ 0　⑤ 1

⑥ 1　⑦ 0

3 (1) デマルチプレクサ

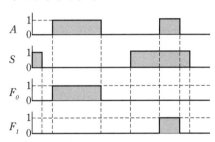

(2) マルチプレクサ

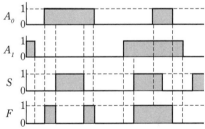

4

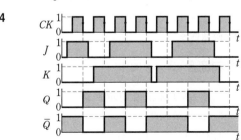

5 (1) カウンタ

3

(2)

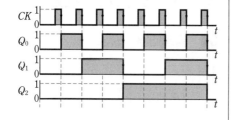

2 パルス回路 (p.36)

1 (1) ピーククリッパ

(2) 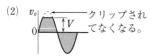 クリップされてなくなる。

2 (1) ベースクリッパ

(2)

3 (1) リミタ

(2)

(3) FMラジオ受信機,振幅制限回路

4 1 非安定 2 単安定 3 双安定

4 $w = 0.69RC$

5 1 2.27 kHz 2 440 μs 3 22.7 kHz

4 44 μs

6 5.52 s

3 アナログ−ディジタル変換器 (p.38)

1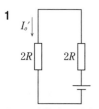

$I_o' = \dfrac{V}{4R}$

6倍

2 二重積分,逐次比較,並列比較

3 1 アナログ 2 標本化 3 量子化

4 符号化 5 ディジタル

4 画像処理

章末問題 3 (p.39)

1 1 NAND回路 2 OR回路

3 EX-OR回路

2 1.2.3.4 RS, JK, D, T

5.6 NAND, NOR

7.8 セット,リセット **9.10** $Q, \bar{Q}$

3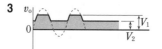

第4章 通信システムの基礎

1 有線通信システム (p.40)

1 1.2.3 炭素形,ダイナミック形,
コンデンサ形

4.5.6 静電形,ダイナミック形,圧電形

7 ハンドセット 8 押しボタンダイヤル

9 多機能 10.11 DP, PB

2 1 IPアドレス 2 ルータ 3 着信側

3 1 光信号 2 音声信号 3 制御用信号

4 アナログ信号 5 ディジタル信号

6 パケット化

4 1.2 対ケーブル,同軸ケーブル

3 光ファイバケーブル 4 2本 5 軟

6 MHz 7 50 Ω または 75 Ω

8 シングル 9 マルチ 10 高い

11 低い

5 $10\log_{10}\dfrac{100}{5} = 13\,\mathrm{dB}$

6 $-10 + 18 = 8\,\mathrm{dB}$

7 1 反射 2 入射波 3 反射波

4 電圧反射係数 M_V 5 $\dfrac{Z_2 - Z_1}{Z_2 + Z_1}$

6 等しい 7 インピーダンス整合

8 整合変成器

8 $10\log_{10}\dfrac{送信電力}{漏話電力}$

9 周波数分割,時分割

10 1 SSB 2 パルス符号 3 PCM

11 1 大容量 2 伝達距離 3 漏話

4 軽量 5 電力 6 曲げ

12 1 波長分割多重 2 WDM

2 無線通信システム (p.44)

1 1.2 電界,磁界 3 直角 4 波動

5 $3 \times 10^6\,\mathrm{MHz}$ 6 電波

7.8 直進,屈折 9 波長

10 光の速さ 11 周波数

2 1 c 2 オ 3 a 4 イ 5 d 6 エ
7 b 8 ウ 9 e 10 ア

3 $\lambda = \dfrac{3 \times 10^8}{100 \times 10^6} = 3$

$l = \dfrac{\lambda}{2} = 1.5 \text{ m}, \quad l_e = \dfrac{\lambda}{\pi} = 0.955 \text{ m}$

4 1 $\dfrac{\lambda}{4}$ 2 8の字特性 3 反射器
4 放射器 5 導波器

5 1 無線機 2.3 3.5 GHz帯, 28 GHz帯
4 3 GHz 5 光
6.7 マグネトロン, 進行波管 8 導波管

6 1 36000 2 3 3 アップリンク
4 ダウンリンク 5 パラボラ

7 変調度 $m = \dfrac{a-b}{a+b} = \dfrac{5-1}{5+1} = \dfrac{4}{6} \fallingdotseq 0.67$

8 1 ウ 2 ア 3 エ 4 カ

9 1 IDC 2 プレエンファシス 3 励振増幅

10 1 ア 2 ウ 3 オ 4 エ 5 カ
6 キ 7 イ

11 $f_l = 1130 + 455 = 1585 \text{ kHz}$

3 データ通信システム （p. 48）

1 1 振幅偏移変調 2 ASK
3 周波数偏移変調 4 FSK
5 位相偏移変調 6 PSK

2 (1) $\log_2 16 = \log_2 2^4 = 4$ ビット
(2) 四相 PSK は2ビットデータで, データ信号速度は 4800 bps であるから,

変調速度 $= \dfrac{4800}{2} = 2400$ ボー

3 (1) $\dfrac{128 - 124}{128} = 0.03125$
(2) 受信誤りが発生したビット数:
　　$0.125 \times 1024 = 128$ ビット
　　正しく受信できたビット数:
　　$1024 - 128 = 896$ ビット

4 1 誤り検出 2 伝送 3 パリティチェック
4 ビット 5 検査 6 なし 7 あり

5 1 全二重伝送 2 単方向伝送
3 半二重伝送

6 1 パケット 2 通信 3 伝送
4 パケット交換

7 1 電気 2 光 3 ファイバケーブル

8 無線周波数帯 :5 GHz
最大伝送速度 :6.9 Gbps

9 Bluetooth2.1/3.0: 音声や画像データ
Bluetooth4.x/5.x: 制御信号

10 (1) 通信に関する約束ごと。
(2) 世界中にある数多くのネットワークを相互に接続した世界規模の通信ネットワーク。
(3) ネットワークにおいて, データの共有などの機能を提供するコンピュータをサーバといい, データなどの情報を要求するコンピュータをクライアントという。
(4) インターネット上で文字や画像などのいろいろな情報を利用することができるシステム。

11 1 名前 2 アドレス
3 メールアドレス 4 ドメイン名
5 SMTP 6 POP 7 メールサーバ
8 受信者 9 同時 10 自分あて

12 プロバイダと光通信の契約を行うことなく, インターネットに接続できること。

4 画像通信 （p. 51）

1 1 静止 2 通信網 3 ファクシミリ
4 左端 5 分解 6 画素 7 走査
8 走査線 9 受信側 10 同期をとる
11 同期がずれる

2 (1) (CCD)イメージセンサ
(2) 平面走査方式, 円筒走査方式
(3) 走査によって白黒の画素に分解された白または黒の連続した長さ
(4) 出現頻度の高いランレングスにビット数の少ない符号(出現頻度の低いランレングスにビット数の多い符号)を割り当てるため。
(5) 記録変換

3 1 水平走査 2 垂直走査 3 フレーム
4 走査線 5 同期をとる

4 (1) 帰線 (2) 飛越し走査
(3) 画面の横と縦の比

5 1 地上放送
2 地上ディジタルテレビジョン放送
3.4.5.6 電子番組表(EPG), データ放送, 双方向番組, 字幕サービス

7 衛星ディジタルテレビジョン放送

8 BS パラボラ

9 ディジタル CATV 放送　10 ノイズ

6 1 同時　2 妨害　3 470　4 710

5 6 M　6 セグメント　7 14　8 低

7 ① 映像・音声符号化　② 多重化

④ OFDM 変調・周波数変換

8 伝送路の途中の雑音によって，本来のデータが別のデータに変わってしまうことがあるので，その変化（データ誤り）を検出するため。

9 ② 誤り訂正復号　③ 多重分離

④ 映像・音声復号

5 通信関係法規　(p.54)

1 (1) 有線電気通信法

(2) 有線電気通信設備の設置，使用を規律し，有線電気通信に関する秩序を確立することで，公共の福祉の増進に寄与すること

(3) 総務大臣

2 (1) 電波の公平かつ能率的な利用を促進し，公共の福祉を増進すること

(2) 総務大臣

(3) 資格，免許

3 (1) 電気通信役務の円滑な提供を確保し電気通信の利用者の利益を保護すること

(2) 総務大臣

(3) 電気通信主任技術者

(4) 端末設備等を電気通信回線に接続する

(5) 電気通信事業法施行令，電気通信事業法施行規則

4 放送を公共の福祉に適合するように規律しその健全な発達をはかること。

5 ① 電波法施行　② 無線設備

③ 無線局運用

章末問題　4　(p.55)

1 1 レーザダイオード　2 直接　3 強度

4 アバランシェフォトダイオード

2 (1) 局部発振周波数 $f_l = f_r + f_i$

$= 990 + 455 = 1445$ kHz

影像周波数 $f_u = 2f_l - f_r$

$= 2 \times 1445 - 990 = 1900$ kHz

(2) AGC

---

3 遠く離れた場所へ大容量のデータを高速に送ることができること。

4 10BASE-T：10 Mbps, 100 m

100BASE-TX：100 Mbps, 100 m

5 バス型，スター型，リング型

6 インフラストラクチャーモード，アドホックモード

7 1 モノ　2 インターネット　3 サーバ

4 通信　5 高い　6 サービス　7 使用者

8 (1) 地上ディジタルテレビジョン放送

衛星ディジタルテレビジョン放送

ディジタル CATV 放送

(2) 1　1　2　BS コンバータ

(3) 強い雨で信号の劣化がある。

(4) ノイズの影響を受けにくい，安定で高品質，高機能のサービスが可能

9 1 鈍く　2 敏感　3 粗く　4 データ量

10 1 圧縮　2 参照　3 動き補償　4 予測

11 動画像の二つのフレームの変化分を求め，その変化分だけを送信してデータ量を少なくする方法

12 P, I, B

13 I フレーム→P フレーム→B フレーム

14 政令：内閣　　省令：各省の大臣

15 　有線電気通信設備は，他人の設置する有線電気通信設備に妨害を与えないようにすること。

　有線電気通信設備は，人体に危害を及ぼし，または物件に損傷を与えないようにすること。

16 1 総合　2 アナログ　3 第一　4 第二

5 ディジタル　6 第一　7 第二

17 不正アクセス行為の禁止等に関する法律

第 5 章　音響・映像機器の基礎

1 音響機器　(p.59)

1 1 （疎）　2 （密）　3 疎密　4 進行

5 縦　6 媒質　7.8 水，金属　9 真空

2 1 101.3　2 1013　3 2×10^{-5}　4 P

5 2×10^{-5}　6 デシベル

3 (1) $v = 331.5 + 0.6 \times 24 \fallingdotseq 346$ m/s

$L = v \cdot t = 346 \times 3.5 = 1211 \fallingdotseq 1.21$ km

(2) $v = 331.5 + 0.6 \times 14 \fallingdotseq 340$ m/s

$$\lambda = \frac{v}{f} = \frac{340}{2000} = 0.17 \text{ m} = 17 \text{ cm}$$

4 1 音圧 2 物理 3 耳 4 感覚

   5 20 6 20 7 最小可聴値

   8 最大可聴値 9 音圧 10 周波数

5 (1) 500 Hz

  (2) 200 Hz

  (3) 40 dB

6 1 マイクロホン

   2.3.4 ダイナミック, コンデンサ, リボン

   5 ダイナミック 6 音波 7 コンデンサ

   8 数十 9 200

7 1 周波数 2 指向性 3 横 4 縦

   5 音圧 6 出力 7 $\frac{V}{P}$ 8 電圧感度

   9 V 10 $10P$

8 $S_V = 20\log_{10}\frac{V}{10P} = 20\log_{10}\frac{40 \times 10^{-3}}{10 \times 0.4}$

     $= 20\log_{10}10^{-2} = -2 \times 20\log_{10}10$

     $= -40 \text{ dB}$

9 1 スピーカ 2 コーン 3 ホーン

   4 円すい 5 能率 6 屋外

10 (1) 1 $10P$ 2 $\sqrt{W}$

   (2) $S = 20\log_{10}\frac{10P}{\sqrt{W}} = 20\log_{10}\frac{10 \times 1}{\sqrt{0.25}}$

       $= 20\log_{10}20 \fallingdotseq 26 \text{ dB}$

11 1 振動 2 音 3 空気 4 音圧

   5 板 6 バフル板

2 映像機器 (p. 63)

1 1 可視光線 2 380 3 770 4 紫外

   5 赤外 6 無彩 7 有彩

   8.9.10 色相, 明度, 彩度

2 R (赤), G (緑), B (青)

3 1 撮影 2 画像信号処理 3 記録

   4 表示 5 制御

4 $2^{10} \times 2^{10} \times 2^{10} = 1024 \times 1024 \times 1024$

     $= 1074$ 百万色

5 CCD, CMOS

6 $2160 \times \left(2160 \times \frac{16}{9}\right) = 8294400$ 画素

7 CD：650 MB, 700 MB

   DVD：4.7 GB

   BD：25 GB

8 1 ランド 2 ピット 3 レンズ

   4 レーザ 5 トラック

9 ①読取り専用 ②追記型 ③書換え型

   ④書換え不可 ⑤1回のみ記録可

   ⑥数千回の書換え可

10 抵抗膜方式, 静電容量方式, 超音波表面弾性

   波方式, 赤外線走査方式

11 インクジェット, レーザ

章末問題 **5** (p. 65)

1 1 縦 2 パスカル 3 マイクロホン

   4 スピーカ 5 指向性 6 ツィータ

   7 スコーカ 8 ウーファ

   9.10 メイン, プリ

2 $v = 331.5 + 0.6 \times 20 \fallingdotseq 344 \text{ m/s}$

3 $v = 331.5 + 0.6 \times 14 \fallingdotseq 340 \text{ m/s}$

   $\lambda = \frac{v}{f} = \frac{340}{1000} = 0.34 \text{ m}$

4 $SPL = 20\log_{10}\frac{P}{2 \times 10^{-5}} = 20\log_{10}\frac{0.02}{2 \times 10^{-5}}$

     $= 20\log_{10}10^3 = 60 \text{ dB}$

5 $S = 20\log_{10}\frac{10P}{\sqrt{W}} = 20\log_{10}\frac{10 \times 3}{\sqrt{1}} \fallingdotseq 29.5 \text{ dB}$

6 ダイナミック, バランスド・アーマチュア

第 6 章 電子計測の基礎

1 高周波計測 (p. 66)

1 1 磁束 2 増減 3 誘導起電力

   4 鎖交数 5 表皮 6 中央

   7 表皮効果 8 断面積 9 抵抗

   10 実効抵抗 11 コイル

   12 静電容量 13 漂遊

2 $X_L = 2\pi fL = 6.28 \times 5 \times 10^6 \times 150 \times 10^{-6}$

     $= 4.71 \text{ k}\Omega$

   $X_C = \frac{1}{2\pi fC_0} = \frac{1}{6.28 \times 5 \times 10^6 \times 4 \times 10^{-12}}$

     $= 7.96 \text{ k}\Omega$

3 1 高周波 2 高感度

   3 インピーダンス 4 電子

   5 検波増幅 6 増幅検波 7 漂遊

   8 検波 9 プローブ 10 広帯域

   11 整流 12 永久磁石可動コイル形

4 5，1

5 *LCR*メータ，インピーダンスアナライザ

2 　電子計測器 　(p. 68)

1 1.2　電圧，電流　3　抵抗　4　計測
　　5　高く　6　精度

2 1　f　2　d　3　i　4　a　5　c　6　b　7　h

3 1　c　2　b　3　e　4　d　5　a

3 　センサによる計測 　(p. 69)

1 1.2.3.4.5　位置，温度，ガス，加速度，
　　角速度　6　化学量　7　電気　8　微小
　　9　信号処理回路

2 1　ポテンショメータ　2　接点　3　抵抗値
　　4　マイクロスイッチ

3 透過，反射

4 1　InSb　2　ホール　3　テスラ

5 1　抵抗値　2　サーミスタ　3　起電力
　　4　熱電対

6 1　半導体　2　電気抵抗　3　ヒータ

章末問題 6 　(p. 71)

1 $N_1 = \dfrac{2\,500}{10} = 250\,\mathrm{pps}$

　　$n = \dfrac{60N_1}{N_0} = \dfrac{60 \times 250}{200} = 75\,\mathrm{min}^{-1}$

2 $R_H = \dfrac{V_H'}{IB'} = \dfrac{120 \times 10^{-3}}{20 \times 10^{-3} \times 0.2} = 30$

　　$B = \dfrac{V_H}{IR_H} = \dfrac{1\,000 \times 10^{-3}}{20 \times 10^{-3} \times 30} \fallingdotseq 1.67\,\mathrm{T}$

3 (1)　800 ℃　(2)　30 mV　(3)　25 mV

4 $\varDelta R = K\varepsilon R = 2 \times 50 \times 10^{-5} \times 60 = 0.06\,\Omega$